Marie Frinchaboy

L'expérience esthétique et quotidienne du parc La Fontaine à Montréal

Marie Frinchaboy

L'expérience esthétique et quotidienne du parc La Fontaine à Montréal

Éditions universitaires européennes

Impressum / Mentions légales
Bibliografische Information der Deutschen Nationalbibliothek: Die Deutsche Nationalbibliothek verzeichnet diese Publikation in der Deutschen Nationalbibliografie; detaillierte bibliografische Daten sind im Internet über http://dnb.d-nb.de abrufbar.
Alle in diesem Buch genannten Marken und Produktnamen unterliegen warenzeichen-, marken- oder patentrechtlichem Schutz bzw. sind Warenzeichen oder eingetragene Warenzeichen der jeweiligen Inhaber. Die Wiedergabe von Marken, Produktnamen, Gebrauchsnamen, Handelsnamen, Warenbezeichnungen u.s.w. in diesem Werk berechtigt auch ohne besondere Kennzeichnung nicht zu der Annahme, dass solche Namen im Sinne der Warenzeichen- und Markenschutzgesetzgebung als frei zu betrachten wären und daher von jedermann benutzt werden dürften.

Information bibliographique publiée par la Deutsche Nationalbibliothek: La Deutsche Nationalbibliothek inscrit cette publication à la Deutsche Nationalbibliografie; des données bibliographiques détaillées sont disponibles sur internet à l'adresse http://dnb.d-nb.de.
Toutes marques et noms de produits mentionnés dans ce livre demeurent sous la protection des marques, des marques déposées et des brevets, et sont des marques ou des marques déposées de leurs détenteurs respectifs. L'utilisation des marques, noms de produits, noms communs, noms commerciaux, descriptions de produits, etc, même sans qu'ils soient mentionnés de façon particulière dans ce livre ne signifie en aucune façon que ces noms peuvent être utilisés sans restriction à l'égard de la législation pour la protection des marques et des marques déposées et pourraient donc être utilisés par quiconque.

Coverbild / Photo de couverture: www.ingimage.com

Verlag / Editeur:
Éditions universitaires européennes
ist ein Imprint der / est une marque déposée de
OmniScriptum GmbH & Co. KG
Heinrich-Böcking-Str. 6-8, 66121 Saarbrücken, Deutschland / Allemagne
Email: info@editions-ue.com

Herstellung: siehe letzte Seite /
Impression: voir la dernière page
ISBN: 978-3-8417-4789-1

TABLE DES MATIÈRES

LISTE DES FIGURES

LISTE DES TABLEAUX

RÉSUMÉ

Ce mémoire s'inscrit dans le domaine de l'architecture du paysage et du design urbain. La recherche se construit autour d'un questionnement sur le sens pouvant être attribué au parc La Fontaine par ses usagers en tant que cadre de vie urbain montréalais. Ce parc est un lieu emblématique de la ville par le caractère historique de son aménagement. Il est aussi un lieu populaire par sa situation géographique centrale au sein de l'arrondissement du Plateau-Mont-Royal. Par l'analyse de ce parc, nous cherchons à porter un regard sur la manière dont se construit l'expérience d'un parc urbain dans les particularités de son aménagement, de son contexte social et culturel. Notre étude semble pertinente dans la mesure où cet espace n'a jamais été abordé selon l'analyse de l'expérience paysagère.

Notre réflexion se construit à partir d'un modèle socioculturel soutenu par une revue de littérature en architecture de paysage. Les travaux menés à la Chaire en paysage et environnement de l'Université de Montréal ont particulièrement été sollicités. Ce modèle considère le paysage comme une qualification sociale et culturelle d'un territoire. Il engage l'analyse vers des perspectives pluridimensionnelle, expérientielle et polysensorielle, tout en considérant le caractère formel (attributs physiques) du paysage. Nous avons également joint à ce cadre théorique les recherches menées en design et en anthropologie des sens. Ces axes de recherche éclairent les notions de l'expérience esthétique et sensorielle particulièrement en regard de la compréhension du vécu d'un espace ordinaire et quotidien. Selon ce cadre conceptuel, notre recherche fait appel à une approche compréhensive. Ainsi, nous abordons l'expérience du parc par un modèle d'analyse mettant l'emphase sur les usages, l'interprétation et la représentation de l'aménagement du parc La Fontaine. La méthodologie s'appuie sur une démarche de recherche qualitative. Elle se fonde sur une observation non participante des usagers du parc, sur des entretiens semi-dirigés et sur une étude physico-spatiale du lieu.

Ce mémoire a pour finalité de conduire une première lecture du parc La Fontaine en abordant les dimensions composant le vécu de ses usagers. Nous espérons pouvoir contribuer à notre échelle à l'avancée des connaissances de cet espace du point de vue expérientiel et de la perspective paysagère sur la compréhension des parcs urbains.

Mots clés : Expérience esthétique – paysage urbain – usager – parc La Fontaine – Montréal.

ABSTRACT

This thesis involves the fields of landscaping architecture and urban design. The research questions the meaning that can be attributed to the La Fontaine park by its users within the framework of urban life in Montreal. This park is a symbolic place in this city by its historic character. It is also a popular location due to its central geographical placement within the district of the Plateau-Mont-Royal. We attempt to explain the way the experience of an urban park relates to the peculiarities of its design, as well as to its social and cultural context, such as that represented by the city of Montreal. Our study seems relevant as this space was never approached with respect to the experience of its landscape.

Our reflection builds on a socio-cultural model supported by a literature review in landscaping architecture. In particular, the works led by the Chair in landscaping and Environment of Montreal University were referenced. The employed model considers the landscape a social and cultural qualification of a territory. The analysis is thus directed towards a multi-dimensional reading of everyday experience, all while considering the landscape in its formal qualifications (physical attributes). We have also accompanied this theoretical support by research in design and in anthropology of the senses. These research areas help clarify the role of aesthetic and sensory experiences in the everyday lives of people. According to this conceptual framework, our research develops a comprehensive approach. We thus treat the experience of the landscape with an analytical model emphasizing the use, the interpretation and the representation of the La Fontaine Park landscape. Methodologically, the study uses a qualitative approach compiling a spatial and experiential analysis of the landscape. The study therefore builds on an *in situ* investigation through non-participatory observation, semi-directed interviews and a physical analysis of the space. This research may offer a first reading of the dimensions at play in the everyday experience of the La Fontaine Park by its users. We hope to contribute to the advancement of the knowledge of this space from an experiential perspective and of the research in urban park design.

Keywords : aesthetic experience – urban landscape – user experience – La fontaine Park – Montreal.

REMERCIEMENTS

Je souhaite remercier, tout particulièrement, ma directrice de recherche Diane Bisson, pour sa patience et son aide précieuse dans l'élaboration de ce mémoire.

Je souhaite remercier également mes parents et ma famille qui m'ont transmis l'amour de la nature, m'ont toujours soutenue, encouragée et sans eux cette étude n'aurait pas été possible.

Enfin, j'adresse mes remerciements aux personnes que j'ai pu croiser et qui ont contribué indirectement à l'élaboration de ce travail.

AVANT-PROPOS

L'écrit suivant est en continuité avec un questionnement personnel, amorcé entre 2004 et 2006, dans notre travail de designer. Nous avons choisi, lors de notre projet de fin d'études à l'école des Beaux-arts de Toulouse (option design d'espace) de questionner la manière d'introduire de la végétation dans un espace urbain. Ce projet consistait globalement à aménager un espace paysager avec le moins d'interventions humaines, c'est-à-dire sans l'entretien et la gestion de la végétation. Le projet proposait donc un aménagement qui serait soumis aux manifestations naturelles (climat, météorologie, érosion). Nous voulions dans cette perspective nous inscrire en opposition aux aménagements régis tels que les parcs urbains les proposent, porter une réflexion sur la façon d'introduire une végétation « non contrôlée » en milieu urbain.

Lors de son exposé et de la discussion qui a suivi, le projet présenté n'a pas rencontré d'objection majeure quand au niveau de sa faisabilité ; il a suscité par contre l'émergence d'un vif débat entre les membres du jury, sur la possibilité d'introduction d'un espace de végétation « non contrôlée » dans une ville

À l'issue, de cette expérience, nous avons pris conscience du besoin de soutenir notre pratique professionnelle par un questionnement plus théorique, et ceci afin de conduire notre réflexion vers une meilleure compréhension des enjeux des espaces de végétation dans le cadre de vie urbain et de l'expérience qu'en fait le citadin.

INTRODUCTION

Ce mémoire est consacré à une étude sur la compréhension de l'expérience subjective du parc La Fontaine à Montréal. De manière plus générale, il est question de porter une attention sur la relation qu'entretiennent les individus avec ce type d'espace et de paysage par rapport à leur cadre de vie urbain. Nous soutenons ce propos dans une considération paysagère appuyée par une revue de littérature en architecture de paysage. Cette revue s'est particulièrement ancrée dans les perspectives de recherches conduites à la Chaire en paysage et environnement de l'Université de Montréal; celle-ci propose une réflexion sur la mise en valeur de l'identité et la qualité du cadre de vie urbain au Québec (Paquette et *al.*, 2008). En effet, depuis quelques années, on assiste à une conscientisation de l'impact de nos modes de vie sur l'environnement. Il émerge de ce contexte ambiant un questionnement sur la qualité du cadre de vie en milieu urbain (Poullaouec-Gonidec et *al.*, 2005; 2008). On observe notamment un intérêt particulier à la question de la durabilité des espaces verts[1], ce que Mercier et *al.* (1998) nomme l'urbanisme durable. La mise en péril des espaces verts en ville entraine une dégradation de la qualité de vie, car ils participent à l'assainissement par la protection contre les U.V (Ultra Violet), l'interception des eaux de pluie, la purification de l'air pour ne citer que ces aspects[2]. L'urbanisme durable cherche donc à promouvoir la sauvegarde et la valorisation de ces milieux afin d'assurer une qualité de vie minimum aux citoyens.

> *Quoi qu'il en soit, il faut tout de même admettre que de plus en plus de décisions politiques manifestent une sensibilité à l'égard de ce problème. La ville évidemment n'échappe pas au mouvement, puisqu'on estime maintenant, comme le concluait le sommet de la Terre, que nulle part ailleurs l'accumulation de pollutions de toutes sortes, de destruction du milieu naturel, la dégradation de la qualité de vie n'ont pris une telle ampleur. D'où cette ambition qui se répand de rendre la ville sustainable [sic] et de pratiquer un urbanisme durable* (Mercier et *al.*, 1998 : 8).

---

[1] Ils s'identifient au travers des parcs, des ruelles végétalisées, des plantations d'arbres par exemple. Pour plus de détails voir Germain (2004) ou Mercier et *al.* (2008).
[2] À ce sujet voir Vergriete et Labrecque (2007).

1

Cette attention contemporaine est un sujet au cœur des préoccupations publiques (Paquette et *al.*, 2008). D'ailleurs, la ville de Montréal est un exemple concret de cette mouvance actuelle vis-à-vis de la problématique de la qualité du cadre de vie. En effet, depuis quelques années, elle mène une politique de protection et de mise en valeur des milieux naturels[3]. Ainsi au regard de ce contexte sociétal, nous tenons à situer notre recherche dans un questionnement sur le sens que prend le parc pour ses usagers à travers son expérience paysagère.

La notion de paysage fait référence à la qualification socioculturelle d'un territoire (Poullaouec-Gonidec et *al.*, 2005), c'est-à-dire qu'elle s'intéresse non seulement aux aspects physiques du territoire, mais également à la signification que lui attribuent ses usagers. Le paysage est une notion qui peut être abordée par divers points de vue : esthétique, historique, écologique, géographique, biologique, anthropologique, économique, etc. À cet égard, Poullaouec-Gonidec et *al.* (2005) rappellent que le paysage est par nature polysémique et complexe, et il engage une pluralité de regards. Selon ces auteurs, la complexité et la difficulté de comprendre le paysage découlent directement de ces lectures plurielles. Néanmoins, celles-ci participent toutes de manière concomitante à donner un sens holistique au concept de paysage (*ibid.*). L'émergence d'une discipline en paysage montre que l'étude du paysage au cours de son histoire moderne (années 1940 à nos jours) a été engagée selon deux grandes familles : l'une se référant à la forme objective et matérielle du paysage, l'autre traitant du caractère culturel de ce dernier. Par exemple, la géographie classique, l'écologie du paysage des années 1950 ou encore l'étude visuelle des années 1960-80, envisagent le paysage comme une forme matérielle et objective du territoire. La géographie culturelle durant les années 1970, ou plus récemment l'ethnologie du paysage, l'abordent plutôt en tant que manifestation culturelle (Poullaouec-Gonidec et *al.*, *op.cit.*). Le modèle socioculturel s'inscrit comme une troisième famille de compréhension du paysage (*ibid.*). Son émergence remonte à une vingtaine d'années sous l'impulsion de la réflexion sur la qualité du cadre de vie, comme nous l'avons

---

[3] VILLE DE MONTRÉAL, *La nature en ville* [en ligne]. Disponible sur http://ville.montreal.qc.ca, (consulté le 09. 2008).

précédemment évoqué. Il permet d'aborder le paysage par un regard pluridisciplinaire (sciences humaines, anthropologie, urbanisme, etc.) et selon des vues holistiques. Il se concentre sur la relation de l'homme à son territoire dans la façon de se l'approprier, l'interpréter et le reconnaître relativement à son caractère spatial. Il considère donc le paysage à la fois comme une réalité matérielle et une forme construite (*ibid.*).

> *Le paysage désigne une partie de territoire tel que perçu par les populations, dont le caractère résulte de l'action de facteurs naturels et/ou humains et de leurs interrelations* (Conseil de l'Europe, 2000).

Au niveau de son analyse, cette perspective définit donc le paysage sur un plan pluridimensionnel, expérientiel et polysensoriel (Poullaouec-Gonidec et *al.*, *op. cit.*). Il préconise une compréhension des particularités spatio-temporelles du vécu dans l'expérience du cadre de vie étudié.

> *La qualification du paysage renvoie à l'acteur social situé, à celui (individu, groupe social, institution) qui qualifie le paysage par rapport à un contexte géographique et historique donné* (Fortin, 2008 : 2).

Nous avons choisi d'aborder l'étude de l'expérience du parc La Fontaine selon cette dernière perspective plus englobante, mise de l'avant par la recherche actuelle en paysage. Celle-ci conduit à s'interroger sur les attributs qui qualifient le paysage du parc selon le vécu de ses usagers. Notre analyse se place dans une lecture considérant à la fois la dimension physique et l'interprétation sociale du parc. Dans ce sens, il est question d'étudier la relation existant entre l'expérience individuelle des usagers du parc et son aménagement physique. L'ancrage central de notre étude se construit sur l'analyse de l'expérience. Nous avons considéré également dans notre revue de littérature les travaux portant sur la notion d'expérience et tout particulièrement sur celle d'expérience esthétique du quotidien (Saito, 2003; Light, 2005; Welsh, 1997; Julier, 2000).

Sur un plan méthodologique, l'étude privilégie une enquête de terrain *in situ* (Poullaouec-Gonidec et *al.*, 2005; Paquette et *al.*, 2008; Bisson et Gagnon, 2005). Elle

3

inclut l'étude spatiale du paysage menée par la chercheuse (dimension matérielle et objective) à laquelle se conjugue une observation non participante et une étude de l'expérience individuelle selon le point de vue des usagers suivant un guide d'entretien.

Bien que nous reviendrons sur cet aspect dans le chapitre 1, remarquons que la lecture du paysage a par le passé souvent privilégié une compréhension du paysage par l'étude matérielle et objective d'un lieu et une qualification des attributs physiques le composant (Dakin, 2003). Comprenons ici que l'apport du modèle socioculturel est d'introduire à la recherche, l'analyse du vécu individuel et quotidien du paysage, c'est-à-dire l'interprétation soulevant le point de vue du vécu ordinaire qu'ont les individus d'un paysage en tant que cadre de vie quotidien (Fortin, 2008; Dakin, 2003). Tel que le soulignent Bisson et Gagnon (2005) la considération de l'expérience s'inscrit dans la recherche comme indice des pratiques culturelles d'un environnement donné (matériel ou spatial). Fortin soutient que : *Le paysage est défini comme un concept de qualifications sociale et culturelle du territoire* (Fortin, 2008 : 3).

La suite de l'introduction est consacrée à une compréhension sur la manière dont s'est défini le parc urbain. Nous introduisons brièvement le rôle du parc dans la ville depuis son apparition au XIXe siècle. Nous abordons le cas du parc La Fontaine dans la ville de Montréal au travers de ces particularités. Nous expliquons les raisons qui ont motivé l'étude de ce parc et enfin, nous achevons ce chapitre en énonçant les questions et les objectifs de cette recherche.

Le concept du parc urbain

Il faut considérer que le parc en milieu urbain est le reflet de son époque, c'est-à-dire que les enjeux relatifs à son aménagement sont liés à son contexte social et temporel. Depuis son apparition, il a pu être envisagé selon plusieurs perspectives. Un bref panorama historique nous aide à comprendre ce propos. L'aménagement des parcs publics remonte au XIXe siècle. Son apparition dans la trame urbaine est liée à l'évolution architecturale et sociétale de la ville (Chadwick, 1966). En effet, l'ère industrielle engendre une modernisation de la structure urbaine au niveau physique. Tout en conduisant, au niveau social, à une migration des populations rurales vers la ville motivée par l'offre de travail. Ce phénomène a pour conséquence « un bouleversement dans les habitudes séculaires » (Baridon, 1999 : 82). La ville subit une densification et un accroissement démographique rapide qui contribuent à l'insalubrité de l'espace urbain. Cette croissance engendre aussi une plus grande difficulté pour les citadins d'accéder à la campagne (*ibid.*). Dans ce contexte, les pouvoirs publics de l'époque doivent envisager des solutions afin de maintenir une certaine qualité de vie. Le parc urbain en est un exemple (Choay, 2004; Schuyler, 1988; Ragon, 1991; Mercier, 1998). Il permet d'offrir des espaces de végétations, de loisirs, tout en contribuant à l'assainissement de la ville. À l'échelle urbaine, le parc permet d'introduire des aérations dans la densité architecturale de la cité. Corrélativement à cette dynamique, notons qu'au niveau de sa conception, le parc s'aménage en cherchant à véhiculer l'idée de nature. Rappelons que l'art du jardin au XIXe siècle a puisé ses référents dans une vision pittoresque de la nature influencée par la peinture (Conan, 1993). À cette époque, en Amérique du Nord et en Europe, on aménage les parcs en référence à l'idée romantique de la nature dite sauvage[4]. Cette vision conduit une structure spatiale mettant en scène la végétation au travers des différents éléments comme l'eau, les promenades, les lieux de rencontres dans une perspective pittoresque voulant véhiculer un sentiment de nature (Hunt, 1996).

Après la Seconde Guerre mondiale, les parcs urbains prennent une nouvelle signification. On les envisage comme une norme ou un standard nécessaire à la ville. Durant cette période, l'aménagement des parcs est considéré de manière quantitative : la superficie des parcs[5] est calculée en fonction de la superficie au sol du bâti environnant (Pelt, 1977). C'est durant cette époque qu'apparaît le terme

---

[4] Ce concept est également abordé dans la littérature traitant du sujet par le terme anglais de « *wilderness* ». Voir CONAN, M. 1993. « La nature, la religion et l'identité américaine ». dans Bourg, D. ed. *Les Sentiments de la nature*. Paris : Essais : 175-195.

[5] Les standards pour les États-Unis selon la National Recreation and Park Association étant de 100 acres par habitants, c'est-à-dire 40m^2 par personne.

5

d'« espaces verts » pour la désignation des parcs. Citons comme exemple les écrits de la charte d'Athènes[6] (Le Corbusier, 1933-1942), où cette ratification préconise l'aménagement d'espaces verts : *La destruction de taudis à l'entour des monuments historiques fournira l'occasion de créer des surfaces vertes.*

Actuellement, avec le contexte social dont nous faisions état en ouverture de cette introduction, les parcs sont considérés comme des espaces complexes. Ils sont des lieux soumis aux contraintes naturelles (climat, saisons) qui abritent des écosystèmes particuliers (faune et flore). De ce fait, ils sont amenés à être envisagés comme des milieux naturels dans l'urbain (Mathieu, 1998), tout en étant, en même temps des lieux humains et aménagés (Mathieu et Guermond, 2005). Berque (1998) souligne que le parc exprime un certain rapport de la nature dans l'urbanité, ce qui conduit cet espace à être pensé comme une forme de nature aménagée en ville (Mercier et *al.*, 1998).

Nous observons à partir de ce contexte historique et actuel que le parc urbain peut être compris selon trois déterminations terminologiques : espace de nature, espace vert ou nature aménagée. Nous avons choisi d'explorer la question de la représentation du parc en le considérant comme un espace à la fois en relation à des milieux naturels tout en étant un aménagement produit par et pour l'homme. Nous utiliserons donc dans le cadre de cette recherche le terme de « nature aménagée »[7]. Par rapport aux deux autres terminologies possibles, nous avons privilégié cette définition, car le terme d'espace de nature est vaste et appelle à une réflexion sur un plan philosophique, épistémologique et anthropologique du concept de nature. Dans le cadre de cette maîtrise, ce terme apparaît sans doute trop large, car nous n'abordons pas la question du parc par rapport à la question de l'épistémologie de la nature. Nous évaluons l'incidence du caractère naturel (faune et flore, manifestation climatique, météorologique) dans l'expérience du parc et le sens que prend cet aspect

---

[6] Bien que la Charte d'Athènes ait vu le jour avant la fin de la guerre, elle a mis une vingtaine d'année à se diffuser avant de devenir un enseignement académique (Ragon, 1991).

[7] Nous traitons dans cette recherche du parc urbain, cependant précisons que le terme générique de *nature aménagée* peut se référer à d'autres typologies d'espace de végétation mettant en scène un milieu naturel particulier : friches urbaines, jardins communautaires, squares, parcs de quartiers, toitures végétales, ruelles végétalisées, entres autres (Germain, 2004).

aux yeux des usagers. La considération du parc comme une nature aménagée vient du fait que cet espace abrite différentes formes de végétation et d'organismes vivants qui sont plus présentes et denses que dans le reste de l'espace urbain. Par ailleurs, nous avons privilégié la notion d'espace de nature aménagée plutôt que celle d'espace vert, car cette dernière définition renvoie souvent à une vision quantitative, c'est-à-dire à une question de surface (Pelt, 1977). Les réflexions actuelles sur la compréhension du parc soulignent la complexité de ces espaces situés dans un milieu se voulant à la fois artificiel et naturel (Mercier et *al.*, *op.cit.*). Ainsi, nous considérons que l'emploi du terme d'espace vert ne souligne pas les enjeux actuels auxquels sont sujet les parcs, et qui dépassent la seule problématique quantitative.

Il est intéressant d'observer que le parc peut s'envisager de différentes manières. Cependant, bien que le parc se définisse par une pluralité de regards, les auteurs auxquels nous venons de référer ont tous en communs de le situer comme un élément de qualité de vie dans le cadre urbain. Ainsi, le sens premier du parc serait d'offrir dans la ville, qui est un milieu dominé par le bâti, une qualité de vie aux citadins où l'on peut être en contact avec une forme de nature et avec un espace de loisir et de détente.

Le parc La Fontaine

Avec ses 36 hectares de verdure, le parc La Fontaine appartient à la catégorie[8] des grands parcs urbains offrant un assez vaste espace de nature aménagée. Il se situe dans l'arrondissement du Plateau Mont-Royal entouré par le quadrilatère des rues Sherbrooke, Rachel, les avenues du parc La Fontaine, et Papineau (Figure 6). Le parc représente 4,65 % de la surface totale de l'arrondissement.

---

[8] Les parcs publics peuvent se ranger selon six catégories : le parc métropolitain (+ 40 hectares), le parc urbain (de 20 à 40 hectares), le parc de quartier (4 à 20 hectares), le parc de voisinage (0,4 à 4 hectares), le mini-parc (0,4 hectares) et le parc d'ornement (superficie variable desservant une population mobile) (Maumi, 2008).

Historiquement, la création du parc La Fontaine s'inscrit dans la dynamique qu'ont connu les villes industrielles du XIXe siècle. Dans un souci de qualité de vie, les politiques urbaines promouvaient l'insertion du parc public dans la structure urbaine. En effet, on observe qu'à l'aube du XXe siècle la métropole québécoise a connu une croissance tant économique que démographique (Laplante, 1990). La densification de la population a amené les dirigeants à établir une politique de restructuration de la ville, afin d'offrir une qualité et une hygiène de vie meilleures à ses citoyens (exemples : besoins de bains publics, de places publiques afin d'aérer l'espace). Les pouvoirs publics de cette époque cherchaient donc à donner un accès facile à une forme de nature à la population en permettant la pratique de loisirs récréatifs et sportifs. En même temps, ils visaient à apporter à la ville des espaces de ventilation, d'aération conduisant à l'assainissement de cette dernière. Ainsi, le parc La Fontaine est un héritage de la pensée hygiéniste de la fin du XIXe siècle.

Le parc La Fontaine constitue l'un des trois premiers parcs urbains introduits dans la Ville de Montréal. Les deux autres projets d'ampleur étant le parc du Mont-Royal pensé par Frédéric Law Olmsted et l'aménagement de l'île Ste Hélène. Ces projets s'amorcent successivement en 1875 pour le parc La Fontaine, 1874 pour le Mont-Royal et 1876 pour le parc de l'île Ste Hélène. Nous pouvons noter que ces grands projets s'ancrent dans des perspectives d'expériences différentes au niveau de leur aménagement. Dans le cas du parc du Mont-Royal, le recours de la ville à un architecte paysagiste de renom tel que Frederick Law Olmsted (à l'origine du projet de Central Park à New York) découle de la volonté d'introduire dans la structure urbaine un aménagement paysager cherchant à reproduire l'idée de nature sauvage chère au romantisme de cette époque. L'aménagement de l'île Ste Hélène est pensé dans la volonté d'amener une nature vaste, destinée aux loisirs de la population. L'aménagement du parc La Fontaine quant à lui se situe entre ces deux perspectives; par le caractère de son aménagement, il s'inscrit dans une vision pittoresque de l'idée de nature, et est aussi un espace de loisir facilement accessible à tous et à tout moment (Laplante, 1990).

Le choix du parc La Fontaine repose sur le fait qu'il représente un lieu populaire et emblématique de Montréal. Plusieurs raisons sont prises en compte dans cette reconnaissance du parc par rapport à l'espace urbain montréalais. Tout d'abord, ce parc se situe géographiquement au cœur de la ville dans l'arrondissement du Plateau Mont-Royal. Ensuite, cet arrondissement connaît une forte densité et un important flux de population; le parc La Fontaine est à la croisée des chemins et donc un lieu de passage presque incontournable pour la population. Enfin, le caractère historique de cet aménagement et le fait qu'il soit l'un des premiers parcs urbains créés dans la ville contribuent à faire de cet espace un lieu emblématique connu de tous. Il nous apparaît pertinent de questionner un tel lieu populaire d'achalandage important dont l'identité est liée au caractère historique de l'aménagement de la ville.

Le parc La Fontaine a fait l'objet de différentes études notamment par rapport à son aménagement paysager. On observe des analyses sur la qualité de son couvert végétal, menées sous la tutelle de la Direction des parcs et de la nature en ville et qui procède régulièrement à des relevés sur la santé des arbres[9]. La qualité de l'eau présente dans le parc[10] est vérifiée. Enfin, des études portant sur le caractère architectural périphérique au parc[11] ont aussi été entreprises. Mais la revue de littérature révèle que le parc La Fontaine n'a jamais été abordé du point de vue de l'expérience des usagers. Notre recherche, par un questionnement sur l'interprétation du parc selon le point de vue des usagers, espère contribuer à l'enrichissement des connaissances sur ce parc, mais également sur les espaces de nature aménagée dans le contexte urbain. Cependant, notons que notre analyse n'aborde qu'un secteur limité du parc et de son aménagement, celui en périphérie de la fontaine au nord du parc, et se trouve défini dans le temps, la période d'analyse s'étalant de mai à octobre 2008. Nous sommes donc conscients de ne pas pouvoir aborder une lecture expérientielle exhaustive sur

---

[9] VILLE DE MONTRÉAL, « Abattage d'arbres au parc Lafontaine ». Dans CNW Telbec [en ligne]. Disponible sur http://www.cnw.ca, (site consulté le 03. 2010).
[10] DIRECTION DE L'ENVIRONNEMENT ET DU DÉVELOPPEMENT DURABLE, 2009. *Bilan environnemental: la qualité de l'eau à Montréal*. Ville de Montréal [en ligne]. Disponible sur http://ville.montreal.qc.ca, (site consulté le 07. 2009).
[11] DIRECTION DE L'AMÉNAGEMENT URBAIN ET DES SERVICES AUX ENTREPRISES ET PATRI-ARCH, 2005. *Étude typomorphologique de l'arrondissement sud-ouest : rapport de synthèse*. Ville de Montréal : division urbanisme [en ligne]. Disponible sur http://patrimoine.ville.montreal.qc.ca, (site consulté le 07. 2009).

l'ensemble du parc et de son expérience au cours des différentes saisons. Dans ce sens, notre analyse propose donc, dans la mesure où aucune étude expérientielle n'a été conduite sur ce site, d'établir une première lecture autour des dimensions susceptibles de contribuer à l'interprétation du parc.

Objectifs de recherche

Notre question générale de recherche est la suivante : **Comment se définit l'expérience quotidienne du parc La Fontaine selon le point de vue de ses usagers?** Cette question implique que l'on se penche à la fois sur les dimensions physico-spatiales et expérientielles qui interviennent dans l'interprétation que les gens font du parc. Elle implique également que l'on se penche sur le sens donné au concept de nature aménagée.

En premier lieu, notre étude cherche à mener une **qualification spatiale de l'aménagement du secteur ciblé du parc**. Cette procédure permet d'offrir un balisage de terrain préalablement à l'analyse expérientielle. Notre réflexion se concentrant sur l'observation du vécu dans sa qualification spatiale, le relevé physico-spatial amène des informations sur la structuration des attributs physiques. C'est dans l'espace physique que se déroule l'expérience du paysage. Rappelons que des études récentes[12] offrent déjà une compréhension spatiale du parc. Dans ce sens, notre analyse du site s'appuiera sur les données recueillies aux observations existantes et cherche à saisir plus spécifiquement les particularités du secteur de la fontaine ciblé pour cette étude. Nous avons donc entrepris de refaire le parcours expert afin d'identifier les points qui avaient été soulevés par les auteurs et possiblement noter les spécificités liées à la période de l'année étudiée. Nous avons constitué une documentation visuelle (absente de l'étude réalisée par NIP Paysage), permettant de

---

[12] NIP Paysage et *al.*, 2008. *Analyse et évolution historique du réseau de circulation du parc La Fontaine; Caractérisation paysagère d'un important parc urbain de la Ville de Montréal.* Ville de Montréal.

situer le terrain dans lequel nous conduisons l'enquête. Ainsi, nous pouvons utiliser ce matériel comme une référence et affiner la qualification de l'espace en fonction du moment de l'année ou de la saison dans lequel s'est produit la collecte de données physico-spatiales.

En second lieu, notre travail consiste surtout à conduire une **qualification de l'expérience usagère**. Pour ce faire, nous avons recours à une collecte de données expérientielles au travers d'entretiens semi-dirigés et d'une observation non participante. L'analyse expérientielle se concentre sur la compréhension d'un certain nombre de dimensions caractérisant le vécu individuel du parc en tant qu'espace quotidien. Le but de l'étude étant d'arriver à accéder au sens de ce parc pour ses usagers. Nous cherchons ainsi à mener une discussion sur les perspectives qu'offre l'analyse expérientielle dans le cadre de la recherche en étude paysagère. Cependant, rappelons qu'il ne s'agit pas de rendre compte de manière exhaustive des dimensions intervenant dans l'expérience du vécu du parc. Nous cherchons davantage à faire émerger certaines dimensions qui seront précisées au chapitre suivant, auprès d'un nombre restreint d'usagers, lesquelles interviennent dans l'expérience de l'espace et peuvent aider à la compréhension du sens du parc La Fontaine dans l'espace urbain montréalais.

Le mémoire se présente de la manière suivante. Le premier chapitre présente le cadre conceptuel paysager privilégié dans cette étude et soutenu par une revue de littérature en études paysagères. Le second chapitre porte sur la méthodologie proposée. Le chapitre 3 est dédié à l'analyse physico-spatiale de l'aménagement du parc La Fontaine. Le chapitre 4 expose l'analyse et un premier niveau d'interprétation des données recueillies sur l'expérience des usagers. Enfin, le chapitre 5 dresse une synthèse de l'étude entre analyses physico-spatiales et expérientielles aux vues des données recueillies. Il soulève également quelques pistes de réflexion, en particulier sur la représentation du concept même de nature dans le parc urbain.

1 CHAPITRE : CADRE CONCEPTUEL POUR L'ANALYSE PAYSAGÈRE DU PARC LA FONTAINE

> *« Le véritable voyage de découverte ne consiste pas à chercher de nouveaux paysages, mais à avoir de nouveaux yeux »* (Marcel Proust).

1.1 La perspective paysagère

Ce chapitre présente le cadre conceptuel que nous avons préconisé dans l'analyse du parc La Fontaine. Ainsi, par une revue de littérature soutenue dans le domaine du paysage, nous allons exposer le point de vue sur lequel nous appuyons cette étude. Nous présentons ensuite brièvement le contexte théorique duquel émerge une considération pour l'expérience usagère. De même, nous abordons la notion d'expérience esthétique quotidienne qui est au cœur de ce paradigme compréhensif qui définit de plus en plus la recherche sur l'expérience sensible de l'environnement. La seconde section propose un modèle des dimensions paysagères à l'œuvre dans l'expérience du parc La Fontaine en puisant dans une littérature plus large portant sur le paysage et sur une littérature plus spécifique à l'étude du parc. Ce modèle nous sera utile pour la construction du guide d'entretien et pour l'analyse de l'expérience du parc La Fontaine. La dernière section porte quant à elle sur les dimensions physico-spatiales qui contribuent à l'analyse du sens du parc.

Tel que nous le mentionnions dans notre introduction, le contexte social actuel a amené l'émergence d'une compréhension socioculturelle du paysage (Poullaouec-Gonidec et *al.*, 2005). En effet, depuis les années 1990, la recherche en paysage se concentre sur la compréhension des rapports humains à leur territoire. Ce regard a été inspiré par la recherche en sciences humaines qui engage une réflexion sur la relation du vécu physique et des représentations mentales dans l'appréhension de la quotidienneté d'un espace. Réintroduit dans le domaine du paysage, ce modèle théorique s'intéresse aux interactions sociales d'un territoire et les significations qu'il peut avoir en tant que cadre de vie au travers de l'expérience du paysage. Il prend donc en compte, dans la qualification du paysage, les dimensions intangibles qui mettent en relation des individus à leur environnement[13]. Notons que l'intangibilité se réfère à ce que Bisson et Gagnon nomment les *dimensions sensibles, émotives, symboliques, interprétatives et les dimensions matérielles dans l'expérience du vécu, transcendant la réalité physique* (2005 : 42).

D'autre part, précisons que le regard socioculturel ne préconise pas seulement une lecture de l'espace autour de son investissement par les individus, il cherche aussi à envisager le double caractère du paysage à la fois intangible et tangible. Ainsi, il prend appui sur une double lecture du paysage constituée par l'étude expérientielle et l'analyse objective physico-spatiale. Ce modèle théorique a comme particularité d'aborder la qualification de l'espace dans l'interaction entre les hommes et leurs territoires tant dans sa dimension intangible (interprétation du paysage dans son expérience) que tangible (qualification physico-spatiale de type objectif) (Le Lay, 2005; Poullaouec-Gonidec et al., 2005).

Notre recherche s'inscrit dans cette manière de considérer la qualification du paysage. Ainsi, nous tenons à mener une réflexion sur le parc par une étude inclusive entre paysage objet et paysage sujet, objectivité et expérience, dimension tangible et intangible de l'espace.

> *Les sociétés interprètent leur environnement en fonction de l'aménagement qu'elles en font, et réciproquement, elles l'aménagent en fonction de l'interprétation qu'elles en font* (Berque et al., 1994 : 17).

---

[13] Berque A. abordera cette dimension en parlant de « médiance » (2000 : 35).

1.2 L'expérience subjective du paysage

Afin de mieux comprendre l'apport du modèle socioculturel dans l'analyse du paysage, il est important de comprendre le contexte théorique dans lequel émerge cette perspective. Rappelons qu'à partir des années 1960 en Amérique du Nord, sous la directive du National Environmental Policy Act aux États-Unis et la British Columbia Forest Service au Canada, l'évaluation et la qualification du paysage se sont caractérisées principalement par l'étude physico-spatiale, c'est-à-dire dans une qualification du paysage en tant qu'objet.

> *During the 1970's the check list approach was regarded, rightly or wrongly, as the most objective method for evaluating landscape, making it attractive the planner as issues about responsability of the results and validity into play. In addition the measurement of components can easily generate maps and other graphic materials that are familiar to the planner* (Swanwick et al, 2007 : 81).

Depuis les années 1990, les études de caractérisation du paysage ont cherché à inclure, à la compréhension physico-spatiale, un questionnement sur la manière dont l'homme investit et signifie son territoire. D'ailleurs, Dakin (2003) dans son étude intitulée « There's more to landscape than meets the eye : towards inclusive landscape assessment in resource and environmental management » montre l'apport incontestable d'introduire à l'étude objective et physico-spatiale, l'expérience subjective du paysage comme une perspective de recherche qui contribue à générer des données qualitatives sur l'interprétation du paysage dans un cadre de vie quotidien.

> *Experiential approaches are concerned with a holistic account of human-environment interaction. People are not mere viewers of landscape : they participate in a way that influences their understanding* (Dakin, 2003 : 190).

Il s'agit au travers de l'étude de l'expérience d'élargir la compréhension du paysage, en incluant le ressenti individuel d'un paysage familier. L'étude de l'expérience s'intéresse donc à la question du cadre de vie dans l'immersion du vécu quotidien et

14

ordinaire. Ces études sont depuis une vingtaine d'années de plus en plus sollicitées dans les disciplines de l'architecture du paysage et du design. Inspirées par les domaines de l'anthropologie, la sociologie et la phénoménologie, entre autres (Saito, 2007; Light, 2005; Welsh, 1997; Bisson et Gagnon, 2005), ces approches offrent un regard holistique sur l'expérience de l'environnement matériel et donc une meilleure compréhension du contexte qui est à l'étude.

Nous aimerions porter notre attention sur le fait que l'expérience sensible aborde une réflexion sur la relation esthétique à un paysage. En effet, le concept d'esthétique est de plus en plus utilisé dans l'analyse de l'expérience du paysage. Notons qu'au cours de la dernière décade, l'introduction de l'expérience subjective dans la compréhension du paysage a soulevé une réflexion sur la dimension esthétique quotidienne. La notion d'esthétique n'est pas nouvelle dans l'étude du paysage (Swanwick et *al.*, 2007). Toutefois, cette notion fut le plus souvent abordée suivant les théories en l'histoire de l'art (Roger, 1995; Gagnon, 2006). Effectivement, ce regard esthétique mettait de l'avant un processus de contemplation visuelle, picturale et pittoresque de l'espace suivant les canons et les critères de beauté relevant du bon goût universel. C'est-à-dire que le sujet observe le paysage, telle une scène, et en évalue principalement les qualités visuelles (Berque, 2004; Poullaouec-Gonidec et *al.*, 2005). Le concept d'esthétique abordé par les théories de l'art, comme le rappelle Saito (2007), engage aussi une posture concentrée sur les particularités des paysages dans leurs caractères spécifiques et non ordinaires, tel qu'un individu peut se retrouver face à une œuvre d'art ou un paysage spectaculaire. Ainsi, cette perspective amène une reconnaissance du paysage essentiellement fondée sur son caractère exceptionnel.

> *[Landscape] tends to be more attracted to the unfamiliar and the spectacular, typified by the crown jewels of our national parks, such as Yellowstone and Yosemite, with their dramatic elevation, waterfalls, unusual geological formation, and thermal phenomena* (Saito, 2007 : 61).

Cette approche artistique de l'esthétique a joué un rôle au niveau de l'idéologie sous-jacente à l'aménagement des parcs urbains au XIXe siècle en Amérique du Nord. En effet, durant cette période sous l'influence de la peinture romantique du paysage dont l'un des chefs de file était Thomas Cole (Conan, 1993) les parcs sont aménagés en cherchant à véhiculer le sentiment de nature sauvage tel que la peinture le représente.

On reconsidère aujourd'hui cette notion particulièrement en architecture du paysage et aussi en design (Gagnon, 2006; Saito, 2007; Julier, 2004; Welsh, 2003). Celle-ci est revue à la lumière du pragmatisme américain mettant l'emphase sur l'expérience ordinaire et quotidienne de l'« aesthetic life » pour reprendre les termes de Saito (2007). L'emploi du terme quotidien selon la perspective du pragmatisme est relatif aux actions banales se déroulant dans le cadre de vie ordinaire[14].

> *Les expériences sociales apparaissent donc comme des combinatoires de faits ordinaires, répétés et accumulés et de fait exceptionnels qui ont une dimension sociale identifiable et non aléatoire. Le quotidien se produit dans des interactions individuelles au sein de situations de proximité où le temps et l'espace sont déterminants* (Haricault, 2000 : 22).

Les études actuelles (Gagnon, 2006; Saito, 2007; Dakin, 2003; Low, 2006; Fortin, 2007), tel que le suggère le cadre socioculturel en paysage, revendiquent que la notion d'esthétique doit être considérée au travers des actions du vécu banal, comme illustrant la manière (relative à l'appréciation ou la dépréciation) dont les individus interprètent et apprécient leur environnement (matériel ou spatial) quotidien. L'expérience esthétique et subjective du quotidien telle que Gagnon l'explique, *offre la possibilité d'explorer en profondeur les dynamiques contextuelles, notamment celle du territoire et de l'environnement, qui opèrent lors d'une expérience esthétique et qui modulent par la suite l'appréciation* (Gagnon, 2006 : 48).

L'approche compréhensive implique donc au niveau de l'analyse de considérer les dimensions culturelle, sociale et spatiale interagissant dans l'expérience esthétique du paysage. Swanwick et *al.* (2007) rappellent d'ailleurs que la difficulté de l'analyse expérientielle repose sur le grand nombre d'aspects (cognitif, perceptif, ethnographique, historique, économique, etc.) pouvant être retenus et observés : *Most*

---

[14] Précisons que la question du « quotidien » peut aussi être abordée suivant une perspective philosophique en tant que condition d'existence de l'homme. À ce sujet voir BÉGOUT, B. 2005. *La découverte du quotidien*, Paris : Allia; CERTEAU de M. 2002. *L'invention du quotidien*, Paris : Gallimard.

holistic studies do suffer from the same problem, namely the difficulty of knowing what exactly is being valued [...] (Swanwick et *al.*, 2007 : 83).

1.3 Synthèse des dimensions expérientielles retenues pour l'étude du parc La Fontaine

L'objectif de notre recherche, en nous appuyant sur le modèle d'analyse socioculturelle du paysage, est de mener une première lecture de l'expérience d'un nombre restreint d'usagers du parc La Fontaine. Notre revue de littérature permet de circonscrire un certain nombre de dimensions et sous dimensions qui interviennent sur l'expérience subjective. Aux vues des propos préalablement énoncés, nous allons dans cette section, mettre en lumière les dimensions qui nous apparaissent pertinentes à l'étude de l'expérience des parcs et retenues pour l'analyse du parc La Fontaine. Elles ont été préconisées à la lumière des travaux menés sur l'expérience paysagère et plus spécifiquement sur l'analyse paysagère de parcs urbains (Low et *al.*, 2008; Swanwick, 2007; Le Lay, 2005). Low et *al.* (2008) mènent une série d'études autour de l'expérience du paysage dans des parcs nord-américains. Ces recherches se sont inscrites dans un cadre d'analyse de type ethnographique. Par le caractère expérientiel des analyses, un certain nombre d'observations ont retenu notre attention, particulièrement en regard de la compréhension contextuelle et de la relation proximale du vécu. Ces travaux illustrent concrètement dans quelle mesure certaines dimensions peuvent interagir dans l'expérience du paysage. Elles ont également été considérées par rapport aux limites qu'impose la recherche dans le cadre d'une maîtrise.

Les échelles d'observation

Tout d'abord, l'étude de l'expérience du paysage porte un regard sur la relation contextuelle du vécu. L'étude de l'expérience dans sa compréhension contextuelle par rapport à la manière dont les individus figurent un paysage et lui donnent un sens, fait appel à une observation spatio-temporelle (Poullaouec-Gonidec, 2008; Dakin, 2003; Low, 2008; Mercier, 1998). Dakin explique que : *Landscape values are constructed by people and involve associations and other contextual understandings that may change over time and place* (2003 : 190).

Il faut donc entendre, d'une part, que l'expérience du paysage se définit dans un espace particulier, c'est-à-dire par rapport aux spécificités géographiques du lieu et dans la manière dont l'environnement est approprié et signifié. D'autre part, la dimension spatiale est intrinsèquement liée à la temporalité. Cela implique de considérer le caractère temporel à travers l'histoire et l'actualité inhérentes au contexte social et culturel étudié.

> *[Le] paysage [...] reflète la société et la façonne à la fois. Le paysage joue donc un rôle à cet égard : d'une part, en tant que produit d'une société, il incarne ses valeurs, ses idées et ses conflits; d'autre part, le paysage est essentiel à la construction et à la reproduction de même société [...] en véhiculant les idéologies et la mémoire collective à travers divers chapitres de l'histoire* (Broudehoux ed., 2006 : 2).

Cette perspective, comme le soulèvent les travaux de Low et *al.*, (2008) nécessite de considérer l'expérience du paysage au travers de différentes échelles. Les auteurs soulèvent l'importance des échelles d'observation globale, régionale et locale pour la compréhension de la relation entre l'histoire, les valeurs, les représentations culturelles et les diversités sociales (Low et *al.*, 2008 : 9). Ainsi, les auteurs s'intéressent à préciser le contexte de lecture en distinguant les catégories de données politique, économique, morale et environnementale (Saito, 2007; Poullaouec-Gonidec, 2008; Low et *al.*, 2008); philosophique et scientifique (Berque, 1994) ; et religieuse et

18

historique (Broudehoux ed., 2006). Ces données participant toutes de l'expérience de l'espace.

Le contexte de notre recherche nous amène à retenir une échelle d'observation surtout locale, c'est-à-dire en rapport à l'espace urbain montréalais actuel. Nous avons privilégié le contexte local, car il implique l'immédiateté du cadre de vie quotidien dans une société : *Human behavior cannot be understood or studied outside the context of a person's daily life and activities* (Low et *al.*, 2008 : 176).

Ceci n'exclut pas néanmoins de considérer, de l'ensemble des catégories contextualisantes énumérées ci-haut, combien le caractère historique du parc La Fontaine appartient au développement occidental des parcs dit « romantiques » dont l'aménagement cherchait à véhiculer le sentiment de nature tel que l'époque l'envisageait. À cet égard, Low et *al.* (2008) mentionnent que le caractère historique de l'aménagement des parcs peut jouer un rôle dans l'appropriation, dans l'attribution d'une symbolique et donc dans la relation immédiate à l'espace. Cette observation retient notre attention, car on voit que le parc La Fontaine est un aménagement hérité du XIXe siècle. À cette époque, en Amérique du Nord et en Europe, on aménage les parcs en référence à l'idée romantique de la nature dite sauvage. Sans engager une réflexion approfondie sur le concept de nature, il est cependant intéressant de questionner la symbolique de ce lieu par rapport à son aménagement naturel et l'expérience de ses usagers.

L'expérience proximale

Ce sont évidemment les dimensions que révèle une relation directe ou étroite au parc qui nous intéressent ici. Notre revue de littérature nous permet d'observer que l'analyse de l'expérience engage un regard sur l'immédiateté et la proximité du vécu en rapport à son contexte spatial, que nous nommons ici relation ou expérience proximale au lieu. Il est intéressant de noter que les auteurs ont concentré leur

19

questionnement autour de la pratique et de l'appropriation de l'espace, mais également autour de l'expérience corporelle[15] qui met l'emphase sur les aspects plus sensibles de l'expérience. L'étude des pratiques et de l'appropriation du parc Lafontaine est incontournable dans la compréhension de cet espace pour ses usagers et nous informe sur la manière dont l'espace est investi (type d'activités, manière de les pratiquer, caractéristiques temporelles, etc.)

Nous tenons à inclure dans l'étude de l'expérience corporelle du parc La Fontaine la question de l'engagement sensoriel de l'espace. Comme nous le mentionnions, le modèle socioculturel a conduit les études dans les disciplines de l'aménagement à s'intéresser à l'expérience polysensorielle de l'environnement. Au cours de son histoire, la compréhension du paysage a été exclusivement associée à l'expérience visuelle. La prise en considération de la complexité de la qualification du paysage, tel que le suggère le modèle socioculturel, pose un nouveau regard sur l'expérience sensorielle de ce dernier. Étudier le paysage, c'est envisager ses dimensions sonore, visuelle, olfactive et tactile. À cet égard, on assiste à une précision terminologique en recherche où l'on entend par exemple parler de paysage sonore ou olfactif. D'ailleurs, Saito (2007) rappelle l'importance de la considération du rapport sensoriel dans la saisie de l'expérience esthétique et subjective d'un espace.

> With built environment, this multi-sensory experience and bodily engagement are particularly crucial because only such an experience can we sense in effect on our well-being, not only physical but also psychological (Saito, 2007 : 224).

Cette question de l'expérience sensible et sensorielle s'inscrit directement dans les recherches menées en anthropologie des sens (Ackerman, 1991; Classens, 1993, 1997; Howes, 1991, 2005). Ces réflexions sur les sens ont montré que notre culture privilégie une expérience sensorielle dominée par la vision (Geurts, 1993 ; Classens, 1993). Ces études démontrent que la dimension sensorielle est influencée par le contexte culturel (Classen, 1997). Geurts explique : *Different cultures present strikingly different ways of ' making sense ' of the world* (2002 : 95).

---

[15] Notion que l'on retrouve chez Saito sous le terme de *body experience* (2007).

La question du paysage polysensorielle en ville est un thème d'actualité, l'espace urbain est occupé par la présence d'un important paysage sonore et olfactif comme en témoignent les travaux de Pink (2008) ou ceux de Classen (2005). L'ouvrage *Sensations urbaines, une approche différente de l'urbanisme* sous la direction de Mirko Zardini (2005) témoigne de cet intérêt accru des disciplines de l'aménagement (urbanisme, design, architecture du paysage, etc.) pour le rôle des sens dans notre relation à l'espace. Ainsi, l'inclusion de la dimension sensorielle dans la compréhension de l'expérience du paysage apparaît comme cruciale. Elle permet d'interroger la part du visuel, du sonore, de l'olfactif et du tactile dans l'expérience du parc.

Enfin, l'étude expérientielle nécessite également de porter une attention sur les représentations mentales. Comme le montre Saito (2007), la compréhension de la relation proximale nécessite d'envisager à la fois l'expérience corporelle et les représentations mentales. L'étude de Low et *al.* (2008) fait émerger que les valeurs conférées au parc par les individus se rattachent au sens symbolique de l'espace : *Park 'values' may be defined as the symbolic content attached by a group* (Low et *al.*, 2008 : 41).

Nous allons donc considérer la dimension symbolique dans l'expérience du parc en particulier l'interprétation subjective des usagers de l'espace en tant que cadre de vie et son rapport à la ville, c'est à dire, entre autres, en tant qu'espace vert, lieu de loisirs et lieu de rencontre. Nous explorerons également le rapport à la mémoire et à l'imaginaire du lieu (Low et *al.*, ibid.)

L'étude de l'expérience proximale porte donc sur des données intangibles, sur les pratiques et les usages du parc, l'interprétation ou les représentations chez les usagers et sur leur expérience polysensorielle du lieu.

L'étude de l'expérience quotidienne et sensible du parc repose sur une compréhension contextuelle sociale et culturelle, territoriale et locale tout en considérant la relation proximale des individus à l'espace. De manière générale, ces diverses dimensions contribuent à la saisie de l'expérience et l'appréciation ou la dépréciation que font les individus de l'espace étudié (Low et al., 2005; Dakin, 2003; Gagnon, 2006).

Le modèle suivant (figure 1) présente l'organisation de l'ensemble des dimensions qui peuvent intervenir dans l'expérience sensible du parc. Le tableau 1, quant à lui, illustre les dimensions qui sont retenues pour l'analyse du parc La Fontaine.

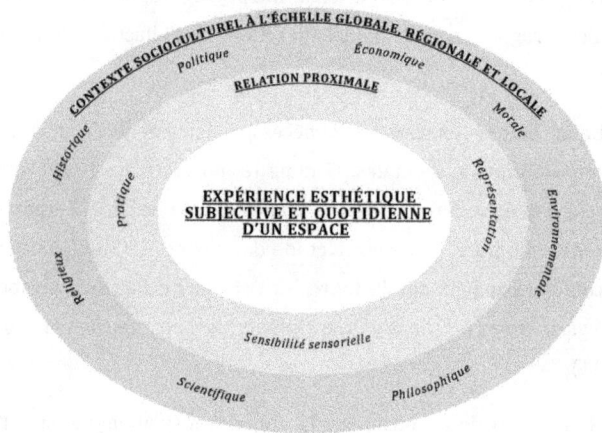

Figure 1 : Dimensions soulevées dans la littérature sur l'expérience du paysage par rapport au cadre conceptuel préconisé, Frinchaboy Marie, 2010.

DIMENSIONS RETENUES POUR L'ANALYSE DE L'EXPÉRIENCE DU PARC LA FONTAINE	
Dimensions :	*Objectifs :*
CONTEXTUALISATION	
Échelle Locale	Comprendre l'expérience du parc La Fontaine dans sa relation à l'espace urbain montréalais en tant que cadre de vie.
Spatio-temporalité contemporaine	Particularité de l'expérience durant la période de temps étudiée. Observer l'expérience individuelle actuelle en relation au caractère historique de l'aménagement.
RELATION PROXIMALE	
Pratique	Manière et caractéristiques dont l'espace est investi.
Sensibilité sensorielle	Caractéristique de l'expérience dans son implication sensorielle par rapport à la structuration de l'espace et les particularités de son aménagement. Regarder la relation affective à l'espace.
Représentation	Porter un regard sur le vécu dans l'évocation et la figuration que le parc peut engager chez ses usagers.

Tableau 1 : Dimensions préconisées dans l'analyse de l'expérience paysagère des usagers du parc La Fontaine, Frinchaboy Marie, 2010.

1.4   Les dimensions physico-spatiales retenues pour l'étude du parc La Fontaine

Les dimensions physico-spatiales sont tirées des guides d'analyses visuelles en paysage (Paquette et *al.*, 2008), des analyses physico-spatiales déjà menées au parc Lafontaine (NIP Paysages, 2008) et de l'étude des parcs réalisée par Low et *al.* (2008). Nous avons retenu 6 dimensions :

-   la manière dont le parc est administré et géré. Cette perspective renvoie à une compréhension du caractère local en référence à l'espace urbain montréalais.

-   la structuration actuelle de l'aménagement du parc, qui nous permet d'amener un éclairage sur la manière dont les usagers peuvent s'approprier le parc.

-   l'évolution de l'aménagement dans son histoire.

-   le relevé de la faune et la flore présentes dans le parc.

-   la caractérisation des éléments bâtis et des infrastructures de l'espace.

-   le caractère sensoriel de l'aménagement, c'est-à-dire les caractéristiques de l'aménagement par rapport à la sensorialité qu'il engage.

Le choix de ses dimensions a été préconisé, car elles font écho aux dimensions retenues pour notre terrain d'enquête. Le cadre social, quant à lui, dresse un descriptif de l'investissement humain du parc. Pour ce faire, nous avons dégagé trois dimensions :

-   les caractéristiques de l'investissement du site au travers des activités des usagers.

-   l'implication du parc comme un espace populaire se retrouvant dans des œuvres littéraires, artistiques ou cinématographiques.

-   les activités culturelles occasionnellement proposées au parc.

Ainsi, nous allons pouvoir successivement observer et mettre en perspective l'expérience du parc, les tendances entre les éléments structurant l'espace, son appropriation, sa représentation au niveau local.

CARACTÈRE DE L'ANALYSE PHYSICO-SPATIALE		
Dimensions :	*Objectifs :*	*Lien avec l'analyse expérientielle*
CADRE PHYSIQUE		
Gestion	Comprendre la place du parc La Fontaine dans la trame urbaine montréalaise.	Observation du caractère local du parc dans son appartenance à la ville. - **Dimension : locale**
Aménagement actuel du parc	Observer la structuration générale du parc dans les grandes caractéristiques de l'espace.	Compréhension de l'aménagement par rapport à l'espace urbain, dans sa situation géographique, sa taille, ces accès, et son organisation spatiale. - **Dimension : locale**
Caractère historique de l'aménagement	Compréhension du parc par rapport à sa création et son évolution historique.	Relation entre l'expérience actuelle du parc et son caractère historique. - **Dimension : spatio-temporelle**
Caractère de la faune et la flore	Identification du type de végétation présent au parc, ainsi que de la présence animale.	Sensibilité à l'espace par rapport à ses éléments organiques. - **Dimension : sensorialité/sensibilité**
Caractère des éléments bâtis	Relevé des édicules et des infrastructures présents dans le parc.	Sensibilité aux éléments architecturés. - **Dimension : sensorialité/sensibilité**
Caractère sensoriel de l'aménagement	Identifier les espaces du parc selon les sens possiblement sollicités.	Établir un parallèle entre l'expérience sensorielle des usagers et la manière dont le parc est aménagé et pratiqué. - **Dimension : sensorielle/sensibilité**
CADRE SOCIAL		
Caractéristiques de l'investissement	Identification des activités des usagers et de leur répartition spatiale.	Manière dont l'espace est approprié. - **Dimension : pratique et appropriation**
Observer la présence du parc dans la culture artistique et littéraire.	Comprendre la place du parc dans l'imagerie populaire (des récits, des œuvres artistiques ou cinématographiques).	Popularité de l'espace chez les citadins et les usagers. - **Dimension : locale** - **Dimension : symbolique**
Activités culturelles	Relever les activités culturelles occasionnellement organisées au parc durant la période d'étude.	Recenser les activités offertes dans l'espace du par cet auxquels peuvent participer les usagers. - **Dimension : pratique et appropriation**

Tableau 2 : Dimensions retenues dans l'analyse physico-spatiale du parc La Fontaine, Frinchaboy Marie, 2010.

1.5   Bilan

La perspective retenue pour notre recherche s'appuie sur un relevé physico-spatial et une analyse de l'expérience esthétique subjective. L'expertise physico-spatiale s'inscrit dans notre étude comme un repérage de terrain par rapport aux enjeux soulevés dans l'analyse expérientielle. Elle permet d'identifier les attributs morphologiques du parc. Celle-ci engage également un regard sur le cadre social, c'est-à-dire sur les caractéristiques de l'investissement et de l'appropriation des usagers. Au niveau de l'étude de l'expérience esthétique et subjective du parc, il nous intéresse particulièrement de questionner la relation entre l'aménagement et l'interprétation actuelle du parc au travers de l'appropriation, des pratiques, de l'expérience sensible et sensorielle ainsi que du sens symbolique. Ces dimensions sont préconisées, car elles participent à la signification de ce paysage urbain particulier que représente le parc La Fontaine.

2 CHAPITRE : MÉTHODOLOGIE

2.1   Pertinence du modèle qualitatif dans la lecture expérientielle du paysage

L'approche qualitative émerge du domaine des sciences sociales (Marshall et Rossman, 1999). Elle a comme particularité d'orienter la recherche vers une compréhension du vécu individuel dans un contexte d'analyse donné.

La méthodologie qualitative est le modèle préconisé par la recherche socioculturelle en paysage (Paquette et *al.*, 2008). La question de la qualité de vie et la conscientisation individuelle, publique et institutionnelle sur cette problématique ont amené la recherche en paysage à réfléchir sur les enjeux du territoire en tant que cadre de vie. À cet égard, Paquette et *al.* (2008), soulignent que le paysage est une condition essentielle au développement social, culturel et économique des collectivités. Ainsi, depuis une vingtaine d'années, les études paysagères s'intéressent à la perception, l'appréciation et l'expérience du paysage, et introduisent une démarche de recherche qualitative afin de recueillir des données expérientielles.

> *Les approches qualitatives ont le mérite de fournir des données variées et multiples qui informent de manière approfondie sur les valorisations paysagères* (Paquette et *al.*, 2008 : 14).

L'objectif de cette approche est d'apporter une compréhension et un éclairage sur l'appréciation du paysage par les populations et les individus (*ibid.*).

La démarche qualitative privilégie une réflexion sur une réalité sociale. Dans l'analyse du paysage, elle se concrétise par la conjugaison du point de vue dit objectif (chercheuse) et subjectif (expérience individuelle) (Paquette et *al.*, 2008). Cette association a pour objectif une compréhension du territoire. Compréhension qui porte

27

à la fois sur la structuration physico-spatiale (forme tangible du paysage) et l'interprétation sociale qui en est faite (forme intangible). Ainsi, il est en jeu de porter une attention sur la liaison entre paysages physique et vécu. L'ensemble du processus est mis en œuvre dans un travail de recueil de données sur le terrain. La recherche passe ainsi par une analyse *in situ* et un relevé visuel, qui viennent s'associer à une enquête auprès d'usagers par entretiens semi-dirigés. Cette approche invite le chercheur à investir une réalité en prenant l'expérience individuelle comme centrale afin de guider l'étude (Blais et Martineau, 2007).

Tel que le suggère notre modèle conceptuel, notre enquête se construit donc suivant une méthodologie qualitative. Dans ce sens, elle privilégie l'étude de l'expérience subjective du paysage. La section suivante présente donc un descriptif de notre démarche.

2.2   Méthode de collecte de données

2.2.1   *Observation et documentation visuelle*

Cette section est relative aux observations conduites sur le terrain. Rappelons que le parc La Fontaine a déjà fait l'objet d'études spatiales (NIP Paysage, 2008). Selon la perspective de notre recherche, cette analyse experte s'inscrit dans le mémoire, comme un balisage préliminaire de terrain contribuant à une meilleure saisie de l'analyse expérientielle. Elle permet de situer le parc dans sa localité urbaine.

Par cette analyse du site, nous cherchons à observer les éventuelles spécificités contextuelles liées à la période d'étude, qui sont susceptibles d'influencer l'expérience des usagers. La caractérisation spatiale a porté sur les dimensions à la fois physiques et sociales telles que présentées au tableau 2 du chapitre 1. Elle s'est appuyée sur les études déjà menées dans les parcs (Low et *al.*, 2008), *Le guide de gestion des paysages au Québec* (Paquette et *al.* 2008) et par les études expertes entreprises au parc La

Fontaine (NIP Paysage, 2008). La collecte de donnée porte donc sur le caractère de l'aménagement pour ce qui est du cadre physique. L'étude du cadre social se concentre sur la manière dont les usagers s'approprient l'espace.

L'analyse spatiale du parc La Fontaine s'est déroulée de mai à octobre 2008. Durant cette période, nous avons mené plusieurs relevés du site, faisant ainsi varier les heures, les jours et les mois. Cette procédure permet l'acquisition d'une meilleure compréhension du site, en fonction de son investissement selon différents moments.

Au niveau opératoire, l'analyse se structure à partir de deux types de données provenant du relevé visuel du site, d'observations *in situ* des usagers et de l'aménagement. La collecte de données du relevé visuel s'appuie sur les sources suivantes :

- Archives photographiques[16].

- Cartographies du site[17].

- Références littéraires[18], ainsi que des films[19] et un documentaire[20] menés au parc.

- Cartes postales abordant le caractère historique du parc[21].

La documentation photographique et les cartes postales abordent l'évolution de l'aménagement du parc. Les éléments cartographiques se réfèrent à la situation et l'accession dans l'arrondissement du Plateau Mont-Royal, à l'évolution des sentiers au cours du temps, à son aménagement actuel et sa répartition spatiale selon les usages

---

[16] BIBLIOTHÈQUE ET ARCHIVES NATIONALES DU QUÉBEC (BANQ), *Le parc La Fontaine*. Québec : Héritage Montréal [en ligne]. Disponible sur http://www.banq.qc.ca, (site consulté le 08. 2008).

[17] NIP Paysages et *al.* 2008. « Analyse chronologique de l'évolution des tracés ». Ville de Montréal. Nous avons également complété ce recueil par un relevé cartographique fait par nos soins abordant l'aménagement actuel du parc, son organisation en aire d'activités et sa répartition spatiale selon les pratiques des usagers.

[18] BIBLIOTHÈQUE ET ARCHIVES NATIONALES DU QUÉBEC (BANQ), *Le parc La Fontaine* [en ligne]. Disponible sur http://www.banq.qc.ca, (site consulté le 08. 2008).

[19] BOURDON L. 2008. *La mémoire des anges*. Canada : 80 min.; PETEL, P. 1947. *Au parc La Fontaine*. Canada : ONF, 6 min 47s.

[20] LAGANIÈRE, C. 2006. *Le parc La Fontaine, petite musique urbaine*. Canada : 52 min.

[21] BIBLIOTHÈQUE ET ARCHIVES NATIONALES DU QUÉBEC (BANQ), *Le parc La Fontaine*. Québec : Héritage Montréal [en ligne]. Disponible sur http://www.banq.qc.ca, (site consulté le 08.2008).

de l'espace. Les ressources littéraires renvoient à l'identité du parc par rapport à son contexte urbain et social.

L'observation *in situ* se compose d'un relevé photographique. Ces prises de vue se sont concentrées sur l'aménagement actuel du parc et l'investissement de cet espace dans :

- La structuration du parc au niveau de ses infrastructures, de la faune et flore, des éléments esthétiques et ornementaux.

- L'observation des gens et de leurs pratiques.

Originalement, ce relevé photographique comptait plus de 842 prises de vue. Nous avons retenu seulement une vingtaine de photos en fonction de la qualité de l'image, de la pertinence du point de vue par rapport à l'étude, et des éléments permettant une lisibilité de l'espace.

ANALYSE SPATIALE : collecte de données			
CADRE PHYSIQUE	*Observations*	*Données*	*Objectifs*
Documentation visuelle (matériel existant).	Caractère de l'aménagement.	- Photographies historiques. - Film/documentaire. - Cartographie.	Compréhension du caractère historique du parc et de son évolution.
Relevé *in situ*.		- Photographie - Cartographie.	Définir les attributs actuels du parc.
CADRE SOCIAL			
Documentation visuelle.	Caractère de l'investissement et de l'appropriation spatiale.	- Documentaire et films. - Matériel littéraire. - Archives.	Identification au niveau social et historique du parc
Relevé *in situ*.		- Photographies. - Cartographies.	Usage de l'espace. Caractéristiques et répartition des usagers.

Tableau 3 : Caractéristiques des catégories de données dans l'analyse physico-spatiale, parc La Fontaine, Frinchaboy Marie, 2010.

Cette procédure est préconisée dans le dessein d'acquérir une meilleure compréhension de la qualification de ce parc permettant par la suite à une mise en perspective avec l'analyse expérientielle.

2.2.2 Entretiens semi-dirigés

La méthodologie qualitative mise en place dans la recherche se construit sur une collecte de données privilégiant l'entretien semi-dirigé. Entretien qui se caractérise dans une dynamique ouverte. L'enquêteur oriente ses questions en laissant une certaine liberté de réponses. Le but étant de faire émerger les éléments d'analyse inattendus, tout en articulant dans un arrière-plan de l'entretien la problématique sous-jacente. Ce procédé technique permet d'acquérir des données sur la réalité sociale selon le point de vue des acteurs sociaux, l'enquêteur doit s'adapter à la situation de l'entretien (Seamon, 2004). Ce type d'entretien permet de créer un dialogue entre l'enquêteur et la personne interrogée. Cela permet entre autres de construire un nouveau discours émergeant alors de la discussion elle-même. La procédure permet d'amener subtilement la personne à parler des aspects de la problématique (Gagnon, 2006). Il est important de préciser que le recours à l'entretien ne se fait pas dans la neutralité. Il faut considérer qu'il s'installe un dialogue entre l'enquêteur et le répondant. Dans cette perspective, Denzin et Lincoln (1994) rappellent la nécessité de passer par la négociation ou la médiation, cela, afin d'éviter l'écueil à l'enquêteur d'imposer sa posture de recherche. La valeur scientifique de ce modèle méthodologique nécessite donc l'identification des limites de l'étude.

Le modèle qualitatif rend possible une analyse relativement ouverte et large. Ainsi, il conduit à un récit ou à une théorie et non à une démonstration (Paillé, 1986). Cette méthodologie a comme apport d'offrir la possibilité d'élaborer une circularité entre le processus théorique et les données recueillies sur le terrain d'étude. Rappelons que l'analyse par entretiens semi-dirigés se limite au secteur ouest (périphérie des bassins). Ce choix a été préconisé en raison du fort achalandage d'usagers dans ce secteur durant la période d'étude. Notre échantillonnage se compose d'un nombre restreint d'usagers puisque nous cherchons plutôt, à travers des entretiens plus en profondeur, à comprendre le rapport sensible au paysage. Nous avons privilégié l'analyse expérientielle d'un petit nombre d'usagers afin de faire émerger des catégories de données qualitatives. Précisons que nous avons privilégié un choix aléatoire d'usagers. Au niveau du déroulement des entrevues, nous avons sollicité des personnes durant leur pratique du parc à l'endroit même où elles se situaient. En présupposant donc qu'elles soient là par habitude ou au contraire pour certaines circonstances. La collecte de données des entretiens s'est faite par enregistrement sur dictaphone. La durée des entretiens pouvait varier de 25 minutes à 1 heure selon les personnes et la pertinence de leur propos. Nous avons parfois cherché à préciser la position de l'usager par des questions de relance lorsque cela le nécessitait. Soulignons que nous n'avons noté aucune hostilité. Lors des sollicitations à la participation à l'étude, on a parfois noté une certaine réserve au début de l'entretien, mais au fur et à mesure que les questions se déroulaient, les usagers semblaient plus à l'aise. On a même observé la manifestation d'un engouement pour le sujet.

L'étude s'est appuyée sur huit entretiens, dont un entretien témoin. Ce dernier a permis de tester la validité de notre guide d'entretien. À la suite de cette entrevue préliminaire, nous avons ajusté et précisé certaines de nos questions. Notons également que nous avons mené un entretien auprès d'un membre d'un groupe associatif supportant le parc La Fontaine. La discussion ayant porté sur les activités du groupe et non sur l'expérience personnelle de cet usager. Nous n'avons donc pas retenu cette discussion dans l'analyse. Cependant, nous avons archivé ces deux entretiens en annexe (Annexe 2), car ils ont permis d'ajuster notre grille d'entretien.

Par l'échantillonnage des usagers, nous avons tenté de chercher plusieurs points de vue. Bien que ce dernier fut aléatoire (c'est-à-dire qu'il n'y avait pas de groupe particulièrement ciblé), nous avons tenté d'explorer une relative variété des vécus en fonction de la tranche d'âge et des genres des usagers interviewés afin d'acquérir une richesse de réponses abordant le rapport sensible au paysage. Tel que le soulèvent Denzin et Lincoln (2000), la diversité dans l'étude permet de toucher des personnes aux expériences différenciées mettant en jeu la réalité sociale quotidienne. Le groupe d'usagers interrogés se compose de trois femmes et cinq hommes, dont sept habitants à Montréal au moment des entretiens. De plus, dans cet échantillonnage, nous avons pu voir différentes nationalités, caractérisées par deux Français, un Mexicain, et cinq Québécois. L'intégralité des entretiens fut menée en langue française.

Usagers*	Groupe d'âge	Sexe	Lieu de Résidence
0	20-29	F	Montréal
1	+ 60	F	Laval
2	50-59	H	Montréal
3	20-29	H	Montréal
4	30-39	H	Montréal
5	20-29	F	Montréal
6	30-39	H	Montréal
7	+60	H	Montréal

*Les usagers 0 et 7 ne sont pas entrés dans l'analyse des études de cas.

Tableau 5 : Caractéristiques de l'échantillonnage des usagers en fonction de leur âge et leur genre, Frinchaboy Marie, 2008.

Comme nous l'avons vu, le choix des usagers s'est fait *in situ*. Comme le souligne Pires (1997), il est parfois difficile d'accéder à un échantillonnage idéal de la réalité. Notre objectif ne visant pas la représentativité, mais de faire émerger des données qualitatives expérientielles. Il importe de noter que par la délimitation spatiale de notre étude dans une section du parc, nous observons un biais, car aucun des usagers interrogés n'a d'enfants. Notre échantillon n'a pas pu faire ressortir toute la dynamique familiale pouvant être présente dans le parc.

2.3   Guide d'entretien

La construction du guide d'entretien (Annexe 1) s'appuie sur les dimensions soulevées dans notre cadre conceptuel : la pratique de l'espace; la sensibilité sensorielle de l'expérience; la représentation du parc tout en considérant le contexte du parc. Nous avons circonscrit nos questions en fonction de ces dimensions propres à l'expérience proximale.

Dans le tableau suivant (Tableau 4), nous présentons les dimensions retenues pour l'analyse du parc La Fontaine telles que présentées dans le chapitre 1, en y associant les questions destinées aux répondants. Ce tableau a servi comme guide pour les entretiens.

ANALYSE EXPÉRIENTIELLE DU PARC LA FONTAINE		
Dimensions :	*Objectifs :*	*Observations/Questions :*
CONTEXTUALISATION		
Échelle locale	Comprendre l'expérience du parc La Fontaine dans sa relation à l'espace urbain montréalais en tant que cadre de vie.	- Quelle place occupe le parc La Fontaine dans le quotidien urbain de ses usagers?
Spatio-temporalité contemporaine	Particularité de l'expérience durant la période de temps étudiée. Observer l'expérience individuelle actuelle en relation au caractère historique de l'aménagement.	- Importance de la situation géographique du parc dans l'expérience. - L'aménagement du parc qui a un caractère historique est-il en adéquation avec sa pratique actuelle?

RELATION PROXIMALE À L'ESPACE		
Pratique	Manière et caractéristiques dont l'espace est investi.	- Type d'activité : sportive; récréative; de détente.
		- Façon de pratiquer : seul; en groupe.
		- Relation aux autres usagers?
		- Temporalité : durée de l'expérience; période de la journée.
Sensibilité sensorielle	Caractéristique de l'expérience dans son implication sensorielle par rapport à la structuration de l'espace et les particularités de son aménagement.	- Comment sont ressentis physiquement l'aménagement et les éléments qui le composent?
		- Comment les usagers interprètent-ils le parc sensoriellement?
	Regarder la relation affective à l'espace.	- Quelle part a l'environnement sonore, visuel, tactile, olfactif?
		Attachement personnel à l'espace : la végétation est-elle importante? Comment les usagers sont-ils réceptifs à l'aménagement?
Représentation	Porter un regard sur le vécu des usagers à travers l'évocation et la figuration du parc	- Manière dont le parc est interprété par rapport à la ville, en tant que cadre de vie.
		- La dominance du végétal et la présence animale dans cet espace jouent-elles un rôle au niveau symbolique?

Tableau 4 : Guide d'entretien, parc La Fontaine, Frinchaboy Marie, 2010.

Dans le souci d'éviter de tomber dans une interprétation propre à notre point de vue durant les entretiens, nous avons tenu à joindre à cette étude un recueil de données secondaires; certains usagers (entretiens 3, 5 et 6) ont été invités à la prise de photographies. Les tâches des usagers consistaient à arpenter le parc selon leurs habitudes de pratique et de relever par photographie les aspects les interpellant. Au niveau de la procédure, et afin de ne pas influencer la déambulation, nous ne participions pas à la prise de photographies. Nous n'avions pas imposé de contrainte temporelle et spatiale. À l'issue de ce processus, les participants commentaient les photographies et les raisons de leurs choix. Par ce procédé, nous tentions d'approfondir notre compréhension de l'expérience du parc en faisant émerger des points ou des thèmes n'étant peut-être pas soulevés par l'entretien.

3 CHAPITRE : ANALYSE PHYSICO-SPATIALE DU PARC

3.1 Situation du parc La Fontaine dans son contexte urbain

Le parc La Fontaine se situe dans l'arrondissement du Plateau-Mont-Royal (Figure 2).
Cet arrondissement regroupe la plus forte densité de population des neuf
arrondissements que compte la Ville de Montréal. Il est aussi l'un des plus petits avec
une superficie de 7,74 km² et se localise à la périphérie du centre-ville[22]. Par cette
position, on note la présence d'un certain nombre d'institutions et de services en
périphérie du parc (Hôpital Notre Dame, ancienne bibliothèque municipale). Cette
situation géographique permet à l'espace de se trouver dans un important réseau de
circulation. En effet, il se trouve à proximité de circuits d'autobus et de deux lignes de
métro. De plus, la périphérie du parc est parcourue par un important réseau de pistes
cyclables. Ainsi, ces éléments permettent une accessibilité relativement facile. Le parc
La Fontaine est le plus important espace de nature aménagée de l'arrondissement. Sa
surface, ses infrastructures et sa situation centrale en font un lieu fortement
fréquenté.

Les prochaines sections présentent un descriptif de l'aménagement et des pratiques
de ce parc par une lecture physico-spatiale d'ordre visuel. Nous aborderons dans un
premier temps le cadre physique de cet aménagement, où nous traiterons
successivement de la gestion de l'espace, du caractère de ce parc, de son évolution
historique, de la faune et de la flore, des infrastructures et des éléments bâtis, ainsi
que de son paysage sensoriel. Par la suite, le cadre social se référant aux
caractéristiques de l'investissement humain évoquera les possibilités d'usages
proposées par l'aménagement, l'image véhiculée par le parc dans son contexte social
et urbain et enfin les activités culturelles offertes. Cette lecture aide à comprendre les

---

[22] VILLE DE MONTRÉAL, 2008. *Mémoire de l'arrondissement du Plateau-Mont-Royal* [en ligne]. Disponible sur
http://ville.montreal.qc.ca, (site consulté le 03. 2009).

caractéristiques de la fréquentation de ce parc dans sa relation entre sa structure spatiale et les usages au sein d'un contexte urbain particulier. L'étude physico-spatiale constitue plus spécifiquement le recueil de données préliminaires qui contribue à l'étude de l'expérience individuelle.

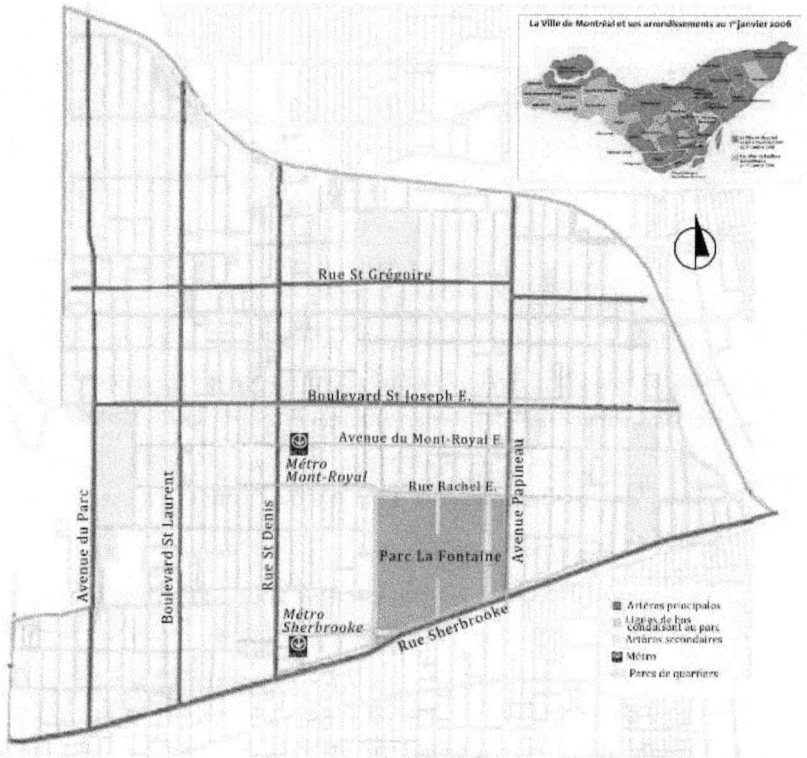

Figure 2 : Contextualisation du parc La Fontaine dans l'arrondissement du Plateau-Mont-Royal, carte, Frinchaboy Marie, 2010.

3.2   Le parc La Fontaine : cadre physique

3.2.1   Gestion de l'espace

À l'échelle administrative, le parc La Fontaine dépend de l'arrondissement du Plateau-Mont-Royal. La gestion et l'intendance du parc sont partagées entre plusieurs instances : le service des sports et loisirs et les services des travaux publics. Remarquons à ce sujet que les parcs dans la Ville de Montréal ont, à partir des années 1940, été associés aux loisirs sportifs. Ainsi dans une inspiration nord-américaine ces espaces sont associés aux pratiques sportives et récréatives. On y introduit des terrains de jeux et de sports. Soulignons que l'esthétique y est parfois reléguée au second plan (Laplante, 1990). Ce contexte influença l'organisation de la gestion des parcs à Montréal. En 1953, on assiste à la création du service des parcs qui gère par le biais d'un surintendant, les loisirs et le parc. Au cours des années 1970, sous l'engouement croissant du loisir sportif, est créée une structure propre à ce type d'activité. Ainsi, le service de sport et loisir voit le jour. Dans les années 1980, il est intéressant de voir que l'éclatement du service des parcs conduit la gestion des parcs à être englobée dans le service des travaux publics et des loisirs sportifs *(ibid.)*. Actuellement il n'existe donc pas réellement une structure en tant que telle qui administre les parcs au niveau paysager.

Au niveau de sa réglementation, le parc La Fontaine est un espace qui est soumis à certaines règles, par exemple l'interdiction de nourrir les animaux du parc (oiseaux et écureuils), l'interdiction de promener son animal de compagnie sans laisse ou encore de boire de l'alcool. Le parc est fermé la nuit entre 23 h et 6 h du matin, mais nous avons pu observer que dans les faits la réglementation n'est pas appliquée de manière stricte.

3.2.2   Préambule : le parc La Fontaine et les origines de son aménagement

À l'origine, le terrain du parc La Fontaine était une ferme appartenant à un certain M. Logan, riche propriétaire terrien (Figure 3). Le gouvernement fédéral fit l'acquisition de cet espace en 1845 à des fins de parades, d'entrepôts et magasins militaires. Cette exploitation durera 40 ans. Dans les années qui suivirent, les politiques publiques commencèrent à réaliser que la ville manquait « d'espaces verts » et que les paysages ruraux en périphérie de la cité commençaient à se faire plus rares et difficilement accessibles. C'est dans cette dynamique que la Ville de Montréal négocie un loyer pour la création d'un jardin public correspondant à l'époque à la partie ouest du parc actuel (partie comprise sur l'axe nord-sud entre les rues Sherbrooke et Rachel, et à l'axe est-ouest entre les avenues Calixa-Lavallée et parc La Fontaine) (Figure 4). Dans ce contexte social, l'ancien terrain militaire devint un parc public. Les archives municipales de la Ville apportent des renseignements sur la nature de ce projet et les clauses apportées au bail. En effet, « la ville ne peut y pratiquer de fouilles, ni ériger de bâtiments ou de clôture [...] » (Archives municipales de Montréal, 1941). La communauté urbaine devant assumer la responsabilité d'aménager l'espace, elle désignera donc un ensemble de crédits pour la création d'étangs ainsi que pour une plantation d'arbres dès 1897[23]. Les travaux débutèrent en 1888. À partir de 1900, on aménage deux bassins, qui en 1929 se retrouveront ornés par une fontaine. La même année lors du premier renouvellement du bail, on note qu'il n'y a aucune réserve quant au maintien du nom de Logan pour la désignation du parc (Archives municipales de Montréal, 1941). Le conseil municipal de l'époque décide alors, en hommage à l'homme public que fut Louis Hippolyte La Fontaine, de lui attribuer le nom de parc La Fontaine. Ainsi, le 20 juin 1901 le parc prend son appellation actuelle (Archives municipales de Montréal, 1943). En 1908, le parc est loué par la ville pour une période de 99 ans par un loyer symbolique de 1 $. Cependant, le gouvernement

---

[23] ARCHIVES MUNICIPALES DE MONTRÉAL, 1924. *Parc La Fontaine*, Rapport et dossier : 3.

canadien se réserve le droit de continuer d'y parader ou d'y construire (partie sud) des magasins militaires. Une année plus tard, il cède la partie ouest du parc, avec la mention suivante : « la Ville de Montréal devra maintenir cet emplacement à perpétuité comme parc public. » Le parc fut officiellement cédé à la Ville de Montréal lors de son 350e anniversaire, le 27 mai 1992, pour en faire un lieu à vocation récréative.

Figure 3 : La ferme Logan, 1879, lithographie, coupure de presse, Album de rue F-Z, Massicotte, © Héritage Montréal.

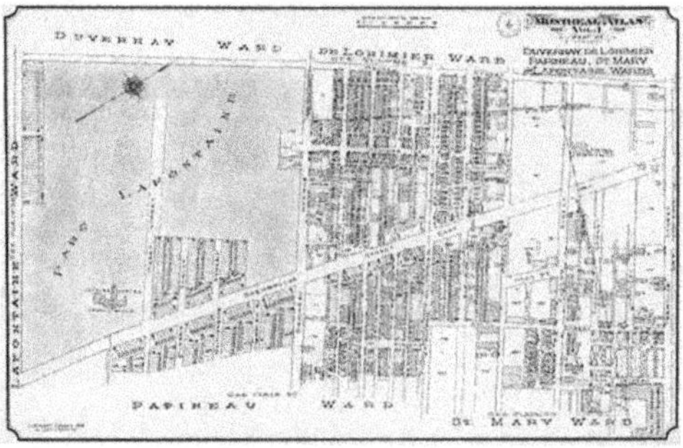

Figure 4 : Le parc La Fontaine, 1913, carte, Atlas of the city and vicinity in four volume : vol. 1, Chas E. Goa CO., © Héritage Montréal.

Figure 5 : Le parc La Fontaine, 1894, photographies, coupure de presse, BANQ, album des rues F-Z, Massicotte, © Héritage Montréal.

42

3.2.3 Composition de l'aménagement actuel

Le parc La Fontaine occupe actuellement une surface au sol de 36 hectares, ce qui le classe dans la catégorie des parcs urbains. Il se répartit sur 3 îlots encadrés par les avenues Parc La Fontaine à l'ouest, Papineau à l'est, et les rues Rachel au nord et Sherbrooke au sud (Figure 6). De plus, il est traversé par les avenues Calixa-Lavallée côté ouest et Émile Duployé vers l'est. Par rapport à sa topographie, notons qu'une partie du site entre l'avenue du parc La Fontaine et Calixa-Lavallée possède un escarpement de 9 m (le point le plus haut est à 46 m en périphérie de l'avenue parc La Fontaine dont le point le plus bas est à 36.9 au centre du bassin sud-ouest côté rue Sherbrooke). En ce qui concerne l'accessibilité le parc n'a pas de restriction dans la mesure où il n'est pas clôturé.

Par ailleurs, le parc La Fontaine se définit par un important boisé d'arbres matures. Cet aménagement présente des surfaces engazonnées et des infrastructures (théâtre de verdure, terrains de sport, etc.) agrémentées de mobiliers urbains (assises, tables à pique-nique, etc.) permettant différents types d'activités. Il est intéressant d'observer, mis à part l'impact tant visuel que spatial de son boisé, que ce parc a comme particularité une structuration spatiale en secteur d'activités (Figure 8). En effet, on y trouve une zone pour les cyclistes, deux zones pour les activités relatives aux loisirs récréatifs et de détente, un espace dédié à l'enfance, un autre pour les pratiques de groupes et enfin des espaces relatifs à la pratique sportive. Ainsi, cet aménagement permet la cohabitation de divers types d'usages ne venant jamais se nuirent entre eux. Nous reviendrons sur les détails de cet aménagement au cours de ce chapitre.

Aménagement actuel du parc La Fontaine

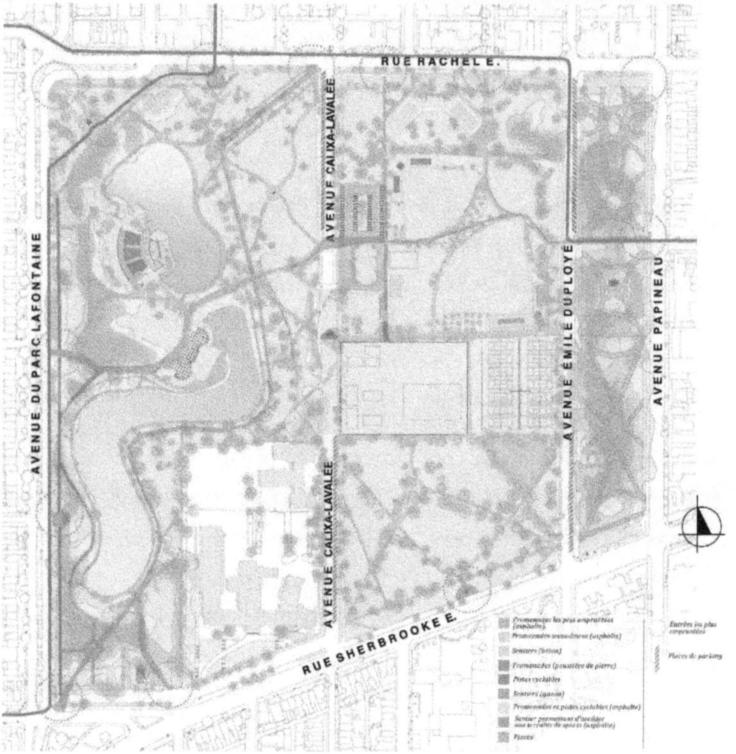

Figure 6 : Plan d'ensemble de l'aménagement et des réseaux de circulation, Parc La Fontaine, carte basée sur NIP Paysage (2008), Frinchaboy Marie, 2010.

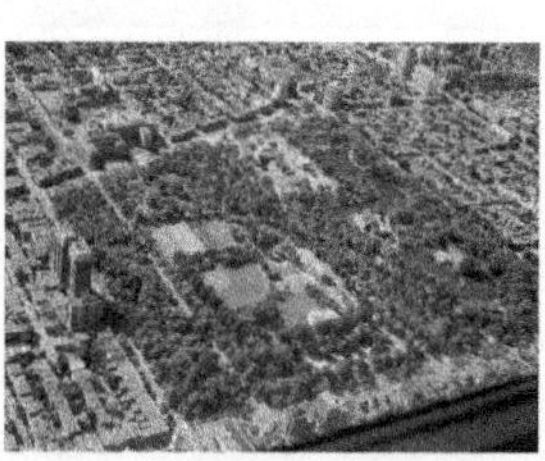

Figure 7 : Vue aérienne (axe nord-sud), parc La Fontaine, photographie, Google map, 2009.

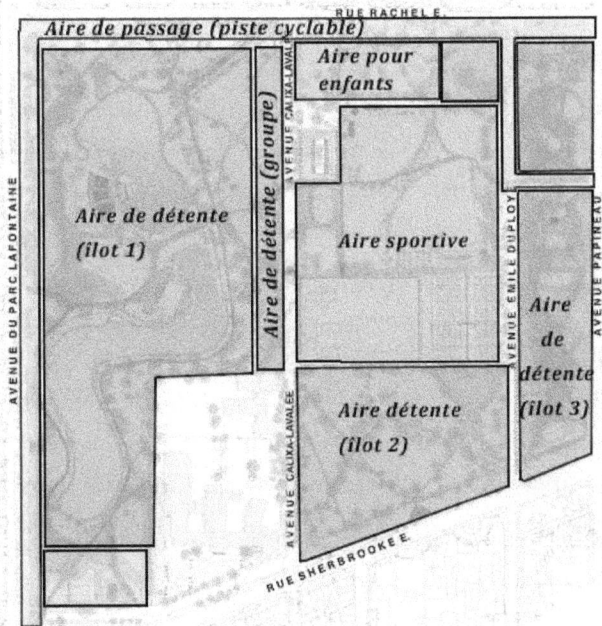

Figure 8 : La répartition des aires d'activités selon les infrastructures, parc La Fontaine, carte, Frinchaboy Marie, 2010.

3.2.4 L'aménagement et son caractère historique

Comme nous l'avons vu, le parc est issu d'un aménagement hérité du XIXe siècle. Il est issu de la période victorienne qui correspond à l'aménagement des parcs associés à une esthétique fondée sur une représentation de l'idée de nature. En idéalisant la nature, cette esthétique véhicule une vision pittoresque en mettant l'accent sur le sentiment de nature sauvage (Conan, 1993). La présence d'un certain nombre d'éléments favorisant la contemplation, telle que le préconise cette approche esthétique, en atteste. En effet, la présence d'un tracé d'allées, de promenades et de sentiers pittoresques, ainsi que d'un réseau hydraulique composé par deux bassins

45

(aménagés en 1900) et une fontaine (situés sur l'îlot ouest entre les avenues du parc La Fontaine et Calixa-Lavallée, et implantée 1923) incarne cette pensée. On y observe également la présence d'espaces dédiés aux échanges et aux rencontres avec de petits squares et un kiosque sur l'îlot central entre les avenues Calixa-Lavallée et Émile Duployé. En 1913, on installe les aires de jeux pour enfants. À partir des années 1950, lors d'importants travaux de réaménagement, on y aménage des terrains de « baseball ». Remarquons que l'introduction des terrains de sport définira le parc dans son organisation spatiale actuelle en aires d'activités.

La présence des deux bassins, de la fontaine et du couvert végétal (début de la plantation d'arbres en 1888), pour ne citer que les éléments qui visuellement sont les plus marquants, témoigne de l'héritage du passé. L'aire de jeux pour enfants est aussi une composante des éléments d'origine. Cet aménagement a évolué et s'est vu modifié au cours du temps. Il semble important de porter attention aux changements que cet espace a pu rencontrer afin de mieux comprendre son aménagement actuel.

À l'échelle urbaine, l'inscription de cet aménagement se construit sur deux attributs marquants :

- Le parc par l'absence de clôture le délimitant se retrouve ouvert et complètement perméable à la ville. Il s'inscrit dans une continuité spatiale au reste de la ville tout en amenant un vaste espace d'aération[24].

- L'impact visuel du boisé en périphérie du parc. Il entraine un contraste chromatique entre les tons des bâtiments et ceux des avenues. Il génère aussi une rupture du rythme architectural en introduisant une silhouette organique relativement vaste dans la linéarité urbaine. Remarquons à cet égard que par l'âge et la densité du boisé le parc fait partie du patrimoine naturel historique de Montréal.

---

[24] CONSEIL RÉGIONAL DE L'ENVIRONNEMENT DE MONTRÉAL, 2007. *Bulletin envîle express.* Vol. 6, nº21, [en ligne]. Disponible sur http://www.cremtl.qc.ca, (site consulté le 03. 2009); VILLE DE MONTRÉAL, 2008. *Mémoire de l'arrondissement du Plateau-Mont-Royal* [en ligne]. Disponible sur http://ville.montreal.qc.ca, (site consulté le 03. 2009).

Nous présentons ci-dessous une synthèse de l'évolution de l'aménagement du parc. En s'appuyant sur les études paysagères menées par NIP Paysage (2008) et sur les rapports d'archives[25], que les transformations historiques apportées sont de deux types : les changements non perceptifs (en ce qui concerne la morphologie actuelle du parc) et les éléments d'aménagement persistant dans le temps malgré les différentes modifications apportées à l'espace. Précisons que les changements furent surtout influencés par la gestion du parc selon les époques. Nous constatons une évolution du réseau des sentiers et des promenades (Figure 9).

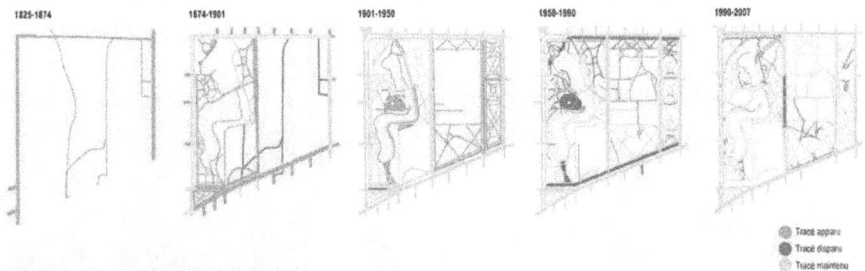

Figure 9 : Étude du réseau de circulation dans son évolution historique, cartes, source : NIP Paysage, 2008.

Dans les années 1950, suite au changement de directeur du service des parcs[26] et à la mise en place de grands travaux de réaménagement certains éléments seront supprimés. On pouvait voir la présence des serres du square Viger[27] (1900 à 1952) où l'on cultivait alors toutes les plantes ornant les squares publics de la ville. Celles-ci étaient localisées à l'emplacement actuel du monument de Dollard-des-Ormeaux

---

[25] VILLE DE MONTRÉAL, « Histoire de l'arrondissement » [en ligne]. Disponible sur http://ville.montreal.qc.ca, (site consulté le 03.2009).

[26] La direction fut mandatée par M. Bernadet jusque dans les années 1950, puis par celle de M. Robillard à partir de cette période (Laplante, 1990).

[27] Les serres sont construites en 1865 et seront déplacées vers le parc La Fontaine en 1889 (Archives Municipales de Montréal, 1941).

(Figure 11). La maison pour le gardien du parc[28] (construite en 1890). On note également qu'à l'origine les deux bassins sont séparés par une cascade, qui se trouve elle-même ornée par un pont de type romantique (1935) que l'on doit à l'architecte paysagiste français Clovis Degrelle[29].

Figure 10 : Les serres du Square Viger (à gauche); l'ancienne maison du gardien (au milieu); l'ancien pont ornant les bassins (à droite) conçu par Clovis Degrelle (1935), photographies, Héritage Montréal : Collection Dinu Bumbaru.

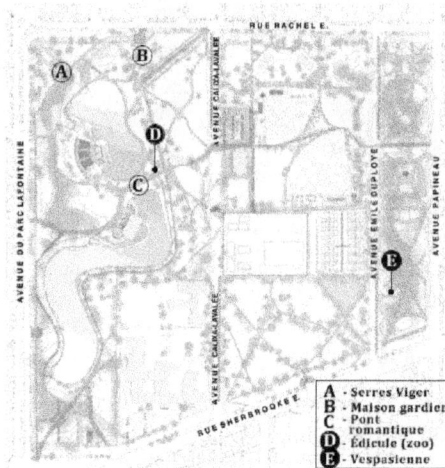

Figure 11 : Localisation des édicules historiques présents et disparus, parc La Fontaine, carte, Frinchaboy Marie, 2010.

Comme nous l'évoquions, certains éléments témoignent encore des modifications subites par l'aménagement au cours du temps. À partir des années 1920, on voit la

---

[28] Pendant 60 ans, la maison du gardien sera habitée par M. Bernadet et sa famille, le surintendant des parcs de la ville durant cette période (Laplante, 1990).
[29] VILLE DE MONTRÉAL, 1995. *Répertoire historique.* Montréal : Méridien.

présence d'un petit jardin zoologique qui sera démantelé en 1989. Il ne reste actuellement qu'un édicule correspondant à l'entrée du zoo. Cette structure se trouve sur l'îlot central (Figure 11). On observe aussi dans l'îlot est entre les avenues Émile Duployé et Papineau un autre édicule désaffecté qui était à l'origine des vespasiennes.

Figure 12 : Ancienne entrée du zoo (à gauche); ancienne vespasienne (à droite), photographies, Frinchaboy Marie, 2008.

En conclusion, il est intéressant d'observer que l'aménagement paysager du parc La Fontaine s'est vu modifier et que ces changements sont liés aux différentes administrations et gestions de cet espace. En ce sens, ces observations de terrain font écho à notre cadre conceptuel sur la relation existant entre la manière d'envisager le parc et son époque.

3.2.5   Caractère de la flore et de la faune dans le parc

Le parc La Fontaine, par le caractère historique de son aménagement, offre une importante surface végétale dense et mature. Notons que visuellement cette strate végétale contribue à la qualification et à la reconnaissance identitaire du parc. Ce boisé se compose essentiellement par d'essences d'arbres telles que l'érable argenté (*Acer saccharium*), l'érable rouge (*Acer rubra*), l'érable à sucre (*Acer saccharum*), le frêne rouge (*Fraxinus pennylvanica*), le noyer cendré (*Jugtans cinerea*), le marronnier glabre (*Aesculus glabra*), le peuplier (*Populus Alba*), le chêne (*Quercus ilex L.*), le chêne à liège (*Quercus suber L.*), le noisetier (*Corylus avellana*), le catalpa (*Catalpa bignonioides*), le tilleul (*Tilia cordata*), le ginkgo biloba (*Ginkgoaceae*).

Figure 13 : Entrée ouest (A) du parc sur l'avenue du Parc La Fontaine (à gauche); exemple de la maturité du boisé (B) proche de l'aire de soccer (à droite), photographies, Frinchaboy Marie, 2008.

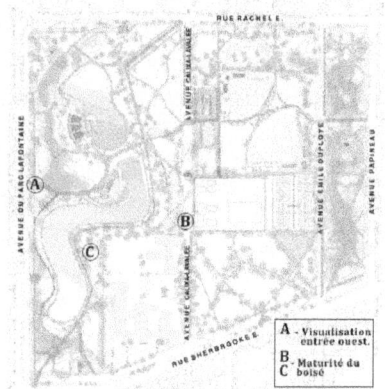

Figure 14 : Exemple du caractère du boisé (C); localisation des photographies A, B (figure précédente) et C (ci-dessus), parc La Fontaine, photographie et carte, Frinchaboy Marie, 2008/2010.

Par ailleurs, le parc abrite une faune relativement variée. En effet, il héberge une grande quantité d'écureuils gris et on y voit aussi un certain nombre de goélands (argentés et dos noir), de canards colverts, d'étourneaux Sansonnet et de pigeons urbains. Ces quatre types d'animaux sont les plus communément rencontrés dans le parc, une faune plus discrète est aussi présente comme le tamia rayé. Dans les animaux nocturnes, on recense des ratons laveurs, des chauves-souris et des hiboux. On peut aussi observer de manière occasionnelle : le balbuzard pêcheur (2006), le faucon pèlerin (2006), la bernache du Canada (2007), le geai bleu (2008) et l'épervier Cooper (2008)[30]. Soulignons qu'il est interdit de nourrir les animaux, mais un grand nombre d'usagers n'observent pas cette interdiction. Ce phénomène amène certains animaux tels que les écureuils, les goélands et les canards à être peu farouches.

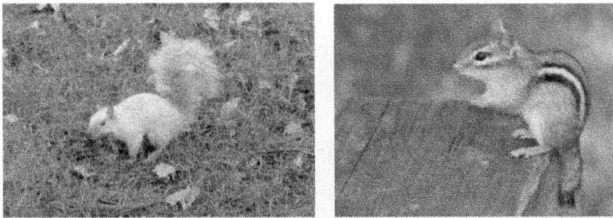

Figure 15 : Écureuil gris (à gauche); tamia rayé (à droite), photographies, Frinchaboy Marie, 2008.

Figure 16 : Canard col-vert (à gauche); pigeon urbain (à droite), photographies, Frinchaboy Marie, 2008.

---

[30] LES FONTAINAUTES, *Blog* [en ligne]. Disponible sur http://www.lesfontainautes.org, (site consulté le 10. 2008).

51

Figure 17 : Étourneau Sansonnet (à gauche); goéland (à droite), photographies, Frinchaboy Marie, 2008.

3.2.6   Les infrastructures offertes

Par infrastructures nous regroupons les éléments ou les équipements présents dans le parc. Sous cette dénomination nous avons pu en catégoriser deux types :

- les éléments à vocation esthétique.
- les éléments utilitaristes c'est-à-dire les équipements sportifs, récréatifs ou de loisirs.

D'une part, on observe dans la partie est du parc entre les avenues Parc La Fontaine et Calixa-Lavallée la présence de deux bassins ponctués par un pont, le bassin nord se retrouvant orné par une fontaine. Rappelons que les bassins sont des éléments esthétiques appartenant à l'aménagement originel du parc (création en 1900). La fontaine fut ajoutée en 1929. Sur un plan esthétique, ces éléments font partie du caractère le plus marquant du parc avec la végétation.

Figure 18 : Bassins du parc La Fontaine, vue ouest, photographie panoramique, Frinchaboy Marie, 2010.

Figure 19 : Bassin Sud (à gauche) et Nord (à droite), parc La Fontaine, photographies, Frinchaboy Marie, 2010.

Figure 20 : La fontaine sur le bassin nord, parc La Fontaine, photographie, Frinchaboy Marie, 2010.

On remarque la présence de plusieurs monuments dédiés : à Dollars des Ormeaux installés en 1920, aux soldats canadiens ayant participé à la guerre 1914-1918 implantée en 1931, à Louis Hippolyte La fontaine (1930), à Félix Leclerc (1990) ou encore à Charles de Gaulle (1990). Dans les années 1990 vient s'ajouter un belvédère au coin de l'avenue du parc La Fontaine et de la rue Duluth qui est ornementé par deux sculptures : une carte sculpture de l'artiste québécois Léo Ayotte et une sculpture nommée « Leçon particulière » d'un autre artiste québécois Michel Goulet (Figures 22 et 25).

Figure 21 : Monument dédié à Dollars des Ormeaux (à gauche); monument aux morts (au centre); monument dédié à Félix Leclerc (à droite), photographies, Frinchaboy Marie, 2008.

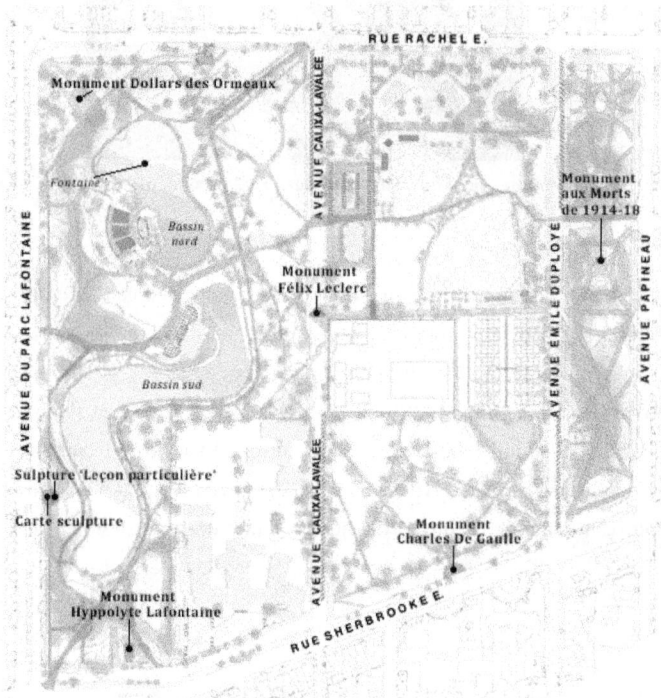

Figure 22 : Localisation des divers monuments, parc La Fontaine, carte, Frinchaboy Marie, 2010.

Figure 23 : Monument dédié à Hippolyte La fontaine (à gauche); monument dédié à Charles de Gaulle (à droite), photographies, Frinchaboy Marie, 2008.

Figure 24 : Vue du belvédère avec la carte sculpture de Léo Ayotte (à gauche) et l'œuvre de Michel Goulet intitulé « Leçon particulière » (à droite), photographies, Frinchaboy Marie, 2008.

D'autre part, on peut constater que les équipements disponibles[31] se situent majoritairement sur l'îlot central du parc, c'est-à-dire entre les avenues Calixa-Lavallée et Émile Duployé (Figure 26). On y trouve la présence de deux terrains de baseball, de terrains de volley-ball, de mini soccer, de cours de tennis, d'un boulodrome, d'une aire de jeu pour les enfants incluant une pataugeoire, d'un parc à chien et des aires de jeu de fer. On note également la présence de tables dédiées aux pique-niques et à la pratique des échecs. Au niveau de l'aménagement général du parc, comme nous l'avons vue, nous observons un réseau de sentiers agrémentés d'assises et un réseau de pistes cyclables.

---

[31] Notre recherche s'étant limitée à la période de mai à octobre 2008, nous n'abordons donc pas les éléments relatifs à la pratique hivernale. Cependant, notons que le parc permet la pratique du patin à glace sur les deux bassins et on trouve aussi une patinoire pour le hockey sur l'îlot central.

Figure 25 : Vues d'un terrain de baseball (à gauche); du terrain de pétanques (à droite), photographies, Frinchaboy Marie, 2008.

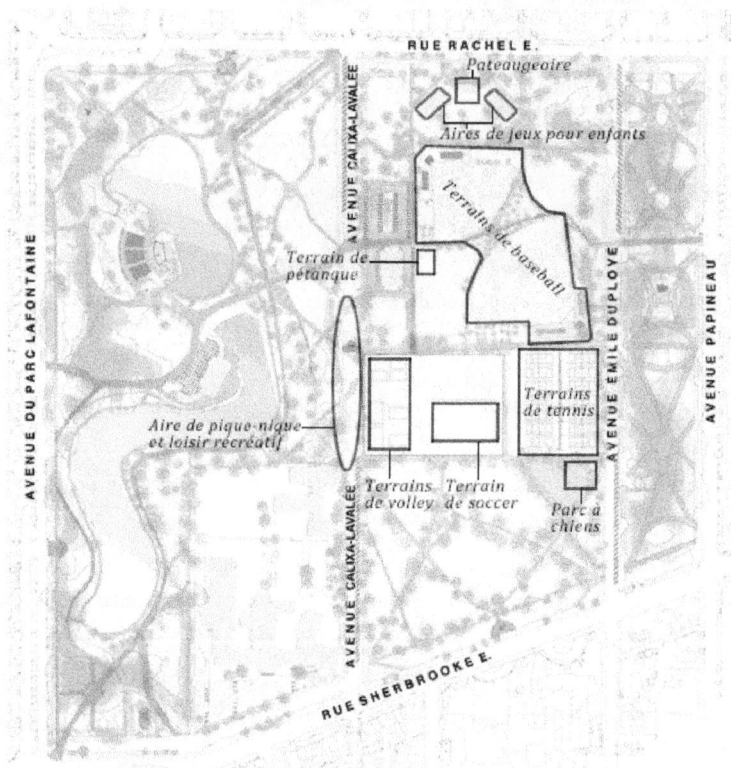

Figure 26 : La répartition des infrastructures pour les activités de loisirs sportifs et récréatifs, carte, Frinchaboy Marie, 2010.

Figure 27 : Vues des aires de jeux pour enfants, photographies, Frinchaboy Marie, 2008.

Figure 28 : Vue de la pataugeoire, photographie, Frinchaboy Marie, 2008.

Figure 29 : Vues du parc à chien (à gauche); de l'aire à pique-nique (à droite), photographies, Frinchaboy Marie, 2008.

Figure 30 : Vues de l'aire pour jouer aux échecs (à gauche); du terrain de volley-ball (à droite), photographies, Marie Frinchaboy, 2008.

Figure 31 : Vues du terrain de soccer (à gauche); du terrain de tennis (à droite), photographies, Frinchaboy Marie, 2008.

En ce qui concerne les bancs, ils se caractérisent par une esthétique classique respectant le design du mobilier urbain d'origine tel que le montrent les documents actuel et historique (Figures 32 et 33). Les tables à pique-nique (Figure 29) correspondent à une esthétique moderne. Celles-ci se localisent dans le secteur bordant l'avenue Calixa-Lavallée, ce qui coïncide à la partie du parc dédié aux activités de groupe ou de loisirs récréatifs. Dans leur répartition, ces différents éléments correspondent globalement à l'aménagement initial lorsque les trois îlots furent agencés. Les bancs sont disposés le long des sentiers, des petites places et des points d'observation.

Figure 32 : Assises du parc La Fontaine, photographie, image du catalogue du mobilier urbain, Ville de Montréal ; photographie, Frinchaboy Marie, 2008.

Figure 33 : Le mobilier urbain, parc La Fontaine, 1950, photographie amateur, Ville de Montréal : Archives municipales.

Le parc La Fontaine par son aménagement propose donc une diversité de pratiques tout en offrant un vaste espace de nature aménagée aux citadins. En même temps, le parc se compose à la fois d'éléments esthétiques tout en proposant des infrastructures et des équipements permettant des activités de loisirs et de détentes. Ces différentes infrastructures permettent la diversité des pratiques tout en assurant une répartition de l'espace en aires d'activité. L'îlot ouest se constitue d'une aire pour les vélos et d'une aire pour la relaxation et la détente. L'îlot central est occupé par des aires de loisirs sportifs, récréatifs et dédiées à l'enfance. Enfin, le dernier îlot (celui situé à l'est) propose une aire de détente (Figure 8).

3.2.7 Les éléments architecturés

Le parc en plus des équipements de loisirs compte un certain nombre de bâtiments et édicules. Situé sur l'îlot ouest, on rencontre le Théâtre de Verdure aménagé en 1956. (Figure 35). Également sur cet îlot se trouve un chalet qui fut un ancien restaurant. Actuellement celui-ci n'a pas de fonction particulière (durant la saison observée) si ce n'est de permettre de s'abriter par temps de pluie. En revanche l'hiver, il devient un espace dédié à la location de patins à glace. Sur l'îlot central, on note la présence du pavillon Calixa-Lavallée érigé entre 1931 et 1932 et qui offre un service de toilettes publiques pour les usagers. Il propose également certaines activités culturelles. Sur le même îlot, nous voyons la présence d'une école primaire et de bâtiments administratifs appartenant à la Direction de la santé publique de Montréal. Il est intéressant de souligner que la présence de bâtiments publics n'ayant pas de rapport direct avec l'aménagement est une des originalités de ce parc.

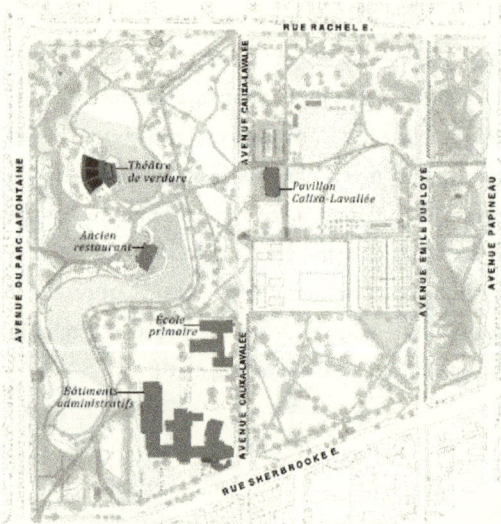

Figure 34 : Localisation des bâtiments présents au parc La Fontaine, carte, Frinchaboy Marie, 2010.

Figure 35 : Vues du Théâtre de Verdure (à gauche); de l'ancien restaurant sur l'îlot central (à droite), photographies, Frinchaboy Marie, 2008.

Figure 36 : Vues du pavillon Calixa-Lavallée (à gauche); de l'école primaire (à droite), photographies, Frinchaboy Marie, 2008.

Figure 37 : Vues des bâtiments administratifs (Direction de la santé publique de Montréal), photographies, Frinchaboy Marie, 2008.

3.2.8   Le caractère sensoriel dans l'aménagement du parc

Rappelons qu'une des dimensions retenues dans le questionnement de l'expérience du parc est la relation sensorielle à cet espace. Celle-ci met en jeu une compréhension des paysages visuel, sonore, olfactif et tactile du parc. Ainsi, nous allons dans cette section mettre l'accent sur les attributs relatifs à l'expérience sensorielle par rapport à l'aménagement paysager de l'espace.

Sensoriellement l'aspect le plus remarquable est l'impact visuel du boisé par sa densité, sa maturité et sa surface. Ce paysage végétal permet lorsqu'on se situe dans l'enceinte du parc d'engendrer une barrière et une isolation visuelle au reste de la ville. D'ailleurs, on observe qu'un nombre très restreint de bâtiments surplombe la canopée du couvert végétal. Cette isolation visuelle est renforcée sur l'îlot ouest au niveau des bassins par la présence de l'escarpement qui crée une enclave végétale au cœur de la trame urbaine. Bien que le parc se situe géographiquement dans un tissu urbain dense (trafic automobile, habitat, commerces, services, etc.) l'empreinte de la ville dans le parc La Fontaine est relativement faible.

Figure 38 : Caractère du boisé, bassin coté ouest, photographie panoramique, Frinchaboy Marie, 2008.

Figure 39 : Vue de la section des bassins côté sud (à gauche); vue le long de l'avenue Sherbrooke (à droite), parc La Fontaine, photographies, Frinchaboy Marie, 2008.

Le parc par sa morphologie et les éléments qui le composent est marqué par une expérience sonore singulière. On peut constater lorsqu'on se situe dans l'enceinte du parc que le boisé, représente une frontière visuelle et un barrage sonore diminuant l'impact des bruits urbains. Cette dimension se trouve particulièrement présente autour des bassins par le bruit de la fontaine et de l'escarpement. Le secteur étudié est aussi marqué par trois types d'environnement sonore : le bruit de la fontaine, le bruit fait par les individus ou les groupes présents dans l'espace, et occasionnellement le bruit du vent dans la végétation.

Ainsi, nous observons que l'îlot ouest et l'îlot central sont isolés du reste de la ville. Sur l'îlot ouest les éléments contribuant à ce caractère sont le couvert végétal, l'escarpement et la fontaine. L'îlot central quant à lui s'inscrit en retrait par rapport au contexte extérieur en raison de sa position charnière entre les deux autres îlots. Pour ce qui de l'îlot est, celui-ci par sa superficie moins importante que les deux autres et sa situation entre l'avenue Papineau (sur l'axe nord-sud) et la rue Sherbrooke (sur l'axe est-ouest) qui sont des artères occupées par une forte circulation automobile, est perméable au paysage sonore et visuel de l'espace urbain limitrophe.

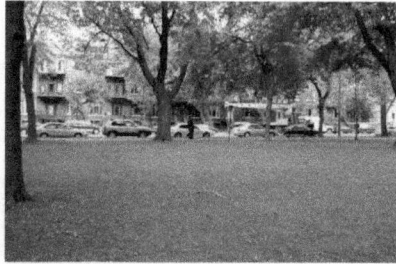

Figure 40 : Vue de l'îlot 3 entre les avenues Émile Duployé et Papineau, parc La Fontaine, photographie, Frinchaboy Marie, 2008.

Figure 41 : Vue en direction nord de l'escarpement du secteur ouest, parc La Fontaine, photographie, Frinchaboy Marie, 2010.

Figure 42 : Vue de l'escarpement en direction sud, section ouest, parc La Fontaine, photographie panoramique, Frinchaboy Marie, 2010.

Pour finir, les dimensions tactiles au travers de la végétation (pelouses et boisé), de l'eau (bassins), des chemins asphaltés, de même que les dimensions olfactives surtout associées à la pelouse et au végétal, ne représentent pas les attributs les plus marquants tels que le sont les paysages visuel et sonore.

Il est intéressant de relever que les attributs sensoriels du parc La Fontaine sont liés aux caractéristiques de l'aménagement. On observe que les qualités sensorielles de cet espace se définissent par les dimensions visuelle et sonore.

3.3   Le cadre social du parc La Fontaine

3.3.1   *Activités des usagers : pratique et appropriation*

Dans cette section, nous allons aborder l'investissement du parc La Fontaine selon trois aspects : la répartition spatiale dans le parc, les pratiques en fonction de l'aménagement et le type d'usagers rencontrés. Rappelons que les observations du site se sont déroulées de mai à octobre 2008. Durant cette période nous avons observé que la densité et la fréquentation des usagers pouvaient varier en fonction des mois, des périodes de la semaine, de la journée ainsi que du climat. Durant la semaine et par beau temps, l'investissement du parc est moins important que le week-end. On note toutefois une affluence d'usagers en fin de journée (17 à 20 h), moment correspondant à la fin du temps de travail. Les fins de semaine et sous condition de temps clair sont occupées par une fréquentation extrêmement importante.

Le secteur le plus achalandé de l'espace est l'îlot ouest, en périphérie des bassins. Ce dernier correspond à l'aménagement paysager dédié aux éléments esthétiques (fontaine, bassins) et jouxte le secteur le plus commerçant de l'arrondissement, ce qui occasionne un flux important de population. Nous observons que les pratiques dans ce secteur sont d'ordre stationnaire, c'est-à-dire que l'on rencontre des usagers assis sur les pelouses ou les bancs autour des étendues d'eau. Précisons que cette pratique peut être faite en solitaire ou en groupe. Parallèlement à ces activités, par la présence d'un tronçon de la piste cyclable le long de l'avenue Parc La Fontaine, on voit aussi que cet îlot est aussi investi de manière importante par des pratiques sportives comme le vélo, la course à pied ou la marche.

Par les infrastructures proposées, l'îlot central est investi par des pratiques de groupe, telles que les activités sportives, familiales ou conviviales. L'investissement de ce secteur conformément à sa vocation est relativement important le week-end. Nous y observons des activités sportives relatives à différents sports (vélo, soccer, volley-ball, tennis, pétanque, base-ball), loisirs (le parc à chien, les tables à pique-nique et pour les joueurs d'échec). On y rencontre des pratiques récréatives pour les enfants avec les aires de jeu. Notons que la présence de l'hôpital Notre Dame (situé le long de l'avenue Sherbrooke) à proximité du parc amène les patients à profiter du mobilier urbain longeant la rue Sherbrooke. Ce secteur durant la semaine est marqué par une fréquentation plus épisodique.

Le dernier îlot entre les rues Émile Duployé et Papineau rencontre une faible densité de fréquentation, en semaine comme le week-end. Remarquons que la fréquentation de ce secteur est essentiellement faite par des promeneurs et des sportifs, peu d'usagers s'y installent, il est davantage un lieu de passage pour entrer ou sortir du parc. Rappelons que ce secteur est également l'endroit du parc soumis à une forte emprise urbaine.

De manière générale, nous voyons que le parc est investi par différents types d'usagers et de pratiques en fonction des moments de la journée et de la semaine. Ainsi, le parc durant la matinée est davantage pratiqué par des promeneurs, des usagers qui promènent leurs animaux de compagnie, des cyclistes ou des joggers. L'après-midi et la fin de journée, on y voit une majorité d'usagers pratiquants des activités de détente, de loisirs récréatifs et sportifs en fonction des infrastructures proposées dans l'espace. Le week-end, si le temps est propice, le parc est occupé par un très fort investissement, privilégiant des pratiques de détente, de récréations et de loisirs pouvant être seuls ou en groupe. Nous avons choisi une étude portant sur l'expérience du parc diurne, mais précisons que le parc La Fontaine la nuit, bien qu'il soit fermé, est animé par un certain type d'activité. Il devient un lieu de rencontre sentimentale ou de rassemblement pour des usagers venant y boire de l'alcool. La nuit, cet espace est investi par des pratiques plus marginalisées que le jour.

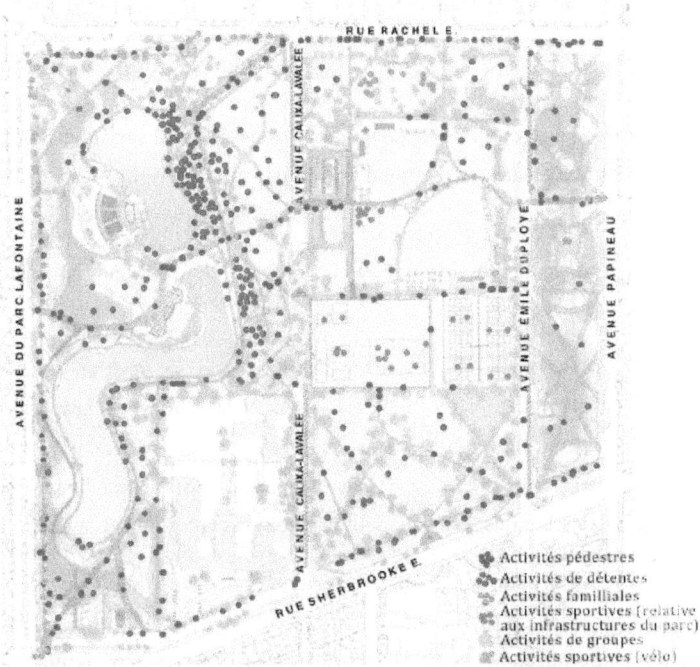

Figure 43 : La répartition des activités dans l'espace, parc La Fontaine, carte, Frinchaboy Marie, 2010.

Les pratiques se définissent par des activités de détente, de loisirs récréatifs et sportifs en fonction du moment, de l'heure de la journée ou de la période de l'année. L'espace est investi par des usagers en solitaire ou en groupe, de façon stationnaire (posture assise) ou active (activités sportives, promenades ou autre.). L'organisation du parc La Fontaine en secteur d'activités permet à chacun d'investir un espace du parc en fonction de ses pratiques. D'ailleurs, on remarque que les différents secteurs ne répondent pas à la même popularité : l'îlot ouest est occupé par un fort investissement, l'îlot central a une appropriation moyenne, enfin l'îlot est rencontre un faible investissement spatial. Dans ce sens, on peut constater que l'îlot ouest est le plus populaire.

3.3.2   Le parc dans son identité sociale : imagerie populaire

La reconnaissance du parc La Fontaine dans son caractère identitaire par rapport à la ville de Montréal se fonde selon une double qualification :

- Premièrement par le caractère historique de son aménagement et particulièrement par son boisé, il appartient au patrimoine naturel montréalais.

- Deuxièmement par sa facilité d'accès et sa position charnière au cœur de l'arrondissement du Plateau-Mont-Royal, qui est géographiquement proche du centre-ville donc occupé par une importante densité démographique et traversé par un fort passage de population, l'amène à être un lieu à la croisée des chemins, extrêmement fréquenté et reconnu par le public.

Au niveau urbain, ces deux caractères du parc font de lui un espace emblématique tout en étant un lieu de quotidienneté marqué par un attachement de la part de la population urbaine montréalaise. À cet égard, le caractère populaire et l'attachement pour ce parc sont aussi mis de l'avant par divers types d'initiatives citoyennes qui tentent de promouvoir les qualités de cet espace. On voit que le parc est l'intérêt de deux groupes citoyens : *les amis du parc La Fontaine*[32] qui s'attachent au caractère patrimonial de ce lieu, et *les fontainautes*[33] qui se concentrent sur l'observation quotidienne de la faune et de la flore. La mise en place d'initiative personnelle, par ces deux types de préoccupations publics, marque l'implication de certains citadins vis-à-vis de cet espace.

La dimension emblématique et sa popularité sont également notables par le fait que le parc est présent au niveau de l'imagerie populaire relative à la ville. En effet, le parc La

---

[32] LES AMIS DU PARC LA FONTAINE, *Le Plateau* [en ligne]. Disponible sur http://www.leplateau.com, (site consulté le 09. 2008).
[33] LES FONTAINAUTES, *Blog* [en ligne]. Disponible sur http://www.lesfontainautes.org, (site consulté le 10. 2008).

Fontaine se trouve engagé dans l'imaginaire collectif en apparaissant dans des récits. Citons pour exemple l'ouvrage de Parenteau-Lebeuf (2005) qui utilise ce lieu pour écrire une pièce de théâtre pour les enfants[34] ou encore Schawrtz (2006) qui se réfère au parc pour écrire un conte pour les tout petits[35]. Il est également abordé dans les écrits de Soucy[36], Proulx[37], Corniveau[38] ou encore Gervais[39]. Observons que cette présence intangible du parc dans des écrits littéraires s'y réfère en tant que lieu de quotidienneté urbaine, par la qualité de l'aménagement et de sa végétation. Dans ce sens, il est interprété comme une aire entièrement aménagée. Citons pour exemple l'écrivain Michel Tremblay[40] qui illustre ce propos :

> *Le parc était immense... Mais pour jouer, selon les critères de Marcel, il fallait entrer dans l'aire de verdure qui longeait la rue Calixa-Lavallée... Là où se trouvaient tous les jeux, cette partie du parc La Fontaine qu'on appelait aussi parc* (Tremblay, 1986 : 35).

Nous voyons également que le parc est documenté au travers d'œuvre cinématographique avec *La mémoire des anges* (Bourdon, 2008) et *Le parc La Fontaine petite musique urbaine* (Laganière, 2006). Cela souligne encore le caractère emblématique de cet espace pour la population.

3.3.3 Les activités culturelles offertes

Le parc La Fontaine offre différentes activités culturelles. En effet, on peut voir que durant l'été, un grand nombre de manifestations musicales et théâtrales sont organisées au Théâtre de Verdure. Durant cette période est organisé un concours de château de sable initié depuis 1991. Au courant du mois d'octobre est organisée une

---

[34] PARENTEAU-LEBEUF, D. 2005. *Parc La Fontaine*. Montréal : Lansman-jeunesse.
[35] SCHWARTZ, R. 2006.*Tales from park La Fontaine*. Toronto : Annick Press.
[36] SOUCY, Y. 1983. *Le parc La Fontaine*, Montréal : Expression libre.
[37] PROULX, M. 1996. *Les aurores montréalaises*. Montréal : Boréal.
[38] CORNIVEAU, H. 1998. *Parc univers*. Montréal : XYZ.
[39] GERVAIS, B. 2008. *Olso*. Montreal : XYZ.
[40] TREMBLAY, M. 1986. *La grosse femme d'à côté est enceinte*. Montréal : Lemiac.

course à pied relativement populaire pour les amateurs de ce type d'activité. Celle-ci est connue sous le nom de « La classique du parc La Fontaine ». Enfin, on note la présence d'un club de nature organisant des activités multiples autour de la prise de photographie ou de vidéo.

3.4   Résumé

Les observations permettent une compréhension de la qualification physico-spatiale du parc La Fontaine par rapport à son contexte urbain, son aménagement et son appropriation. Tout d'abord, en croisant les données recueillies entre elles, nous observons que ce parc, par sa position géographique au centre de la ville et dans un arrondissement occupé par un important flux de population, par la maturité et la surface de son boisé ainsi que par son inscription historique dans le contexte urbain montréalais, est un lieu emblématique de Montréal. Par son aménagement, ce parc offre une diversité de pratiques engagées autour de la contemplation et de la détente, du loisir récréatif ou sportif et de manifestations culturelles pouvant s'exercer en solitaire ou en groupe. À ce titre, nous observons que ces différentes possibilités de pratiquer le parc s'y trouvent clairement définies spatialement, donnant lieu à une répartition en aires d'activités. La partie ouest du parc est dédiée dans sa périphérie à des activités plus ou moins sportives par la présence de la piste cyclable et pédestre. Le reste de cet îlot est consacré à des activités de détentes et de relaxation, avec des composants favorisant ce type de pratique tel que des éléments ornementaux et esthétiques (bassins et fontaine), de larges aires engazonnées, des assises, un escarpement qui propose un panorama de l'espace et du boisé. On trouve aussi dans ce secteur la possibilité d'accéder à des activités culturelles par la présence du Théâtre de Verdure. L'îlot central, par ses infrastructures, propose des aires de loisirs récréatifs, sportifs et dédiés à l'enfance. Enfin, l'îlot est offre une aire de détente au travers de quelques assises. Pour ce qui est du niveau d'occupation de ces secteurs, l'îlot ouest représente la partie la plus fréquentée du parc, l'îlot central l'est moyennement et l'îlot est présente la plus faible occupation. Nous observons donc que le secteur le plus achalandé est celui consacré à la relaxation, offrant un panorama de l'espace agrémenté par les bassins et la fontaine. Ce secteur est aussi celui où l'empreinte urbaine est la moins importante et où l'expérience sensorielle est la plus prégnante. À contrario, l'îlot est, qui n'abrite pas d'éléments esthétiques ou d'infrastructures particulières, mis à part la végétation, est le secteur le moins achalandé. Il représente aussi la partie du parc où l'on rencontre l'emprise urbaine la plus importante.

4 CHAPITRE : ANALYSE DE L'EXPÉRIENCE PAYSAGÈRE DU PARC LA FONTAINE

Dans ce chapitre nous faisons état de l'analyse de l'expérience selon le point de vue des usagers du parc La Fontaine. L'attention a été portée sur le vécu du parc pour les usagers, afin de qualifier cet espace en regard des attributs qui influent et donnent un sens à l'expérience de ses derniers. Pour ce faire, tel que nous l'avons proposé dans le cadre conceptuel, l'expérience a été abordée principalement selon une échelle d'observation locale (Tableau 1), c'est-à-dire en rapport au contexte de la Ville de Montréal. L'analyse se concentre aussi sur la relation proximale au parc. Celle-ci se définit par les pratiques et les usages, la relation polysensorielle au lieu et par les représentations possibles du parc pour ses usagers. Elle apporte un éclairage sur les dimensions intangibles du vécu.

Ce chapitre présente un descriptif des données recueillies et un premier niveau d'interprétation de celles-ci. Rappelons qu'au niveau du déroulement de l'étude de terrain, nous nous sommes concentrés sur la partie ouest du parc, c'est-à-dire dans le secteur où se situent les bassins et la fontaine. Cet espace du parc fut privilégié, car il semblait être le lieu le plus achalandé du parc durant la période d'étude.

4.1 L'expérience du parc et le contexte social

4.1.1 *Échelle locale : l'expérience du parc dans la Ville de Montréal*

En sollicitant un regard sur l'échelle locale, nous avons cherché à comprendre la place du parc La Fontaine en tant qu'espace appartenant à un cadre de vie urbain. Ainsi, nous avons voulu aborder la question du vécu quotidien et ordinaire dans ses relations avec un espace urbain particulier.

Le parc La Fontaine est inscrit au centre de la ville dans le Plateau-Mont-Royal qui est un arrondissement populaire. Par cette position, ce parc est un carrefour dans l'espace urbain, il est un lieu de passage incontournable, marqué par une importante fréquence d'usagers. De plus, c'est un lieu emblématique par sa taille, son histoire et sa situation géographique dans la ville.

Tout d'abord, nos données montrent que la situation géographique du parc au cœur de la ville et la structuration de l'aménagement déterminent le caractère de l'appropriation, qui dans le cas de ce parc est lié à un investissement spontané. En effet, plusieurs usagers fréquentent différents parcs à Montréal. Cependant, ils soulignent que l'aménagement, la topographie et la situation géographique font varier le caractère de leur expérience. Le scénario le plus souvent rencontré dans les entretiens fut l'évocation d'une différence de facilité d'accès au parc La Fontaine par rapport à celui du parc du Mont-Royal, qui implique une dépense d'énergie physique importante. Précisons que notre guide d'entretien ne faisait pas référence à d'autres parcs que le parc La Fontaine. L'évocation du parc du Mont-Royal par plusieurs usagers émerge des entretiens. Nous avons observé que cinq usagers sur six fréquentent ces deux parcs, mais leur expérience de ces deux espaces s'ancre dans des types de pratiques différentes. Les entretiens ont fait ressortir que l'expérience du parc La Fontaine ne nécessite pas d'organisation, ni d'exigence physique et un effort requis contrairement à la pratique du parc du Mont-Royal : *Et le parc du Mont-Royal, j'y vais pas souvent, pas assez à mon goût. Je devrais le fréquenter davantage, mais il est un peu loin, ça demande de s'organiser* (usager 2); *au Mont-Royal, puis au Jardin botanique, c'est plus une sortie, tu sais. Genre là, aujourd'hui, je vais aller au Mont-Royal, ça va être une activité là, de monter un après-midi. Tandis que le parc La Fontaine, c'est à côté de chez moi, alors c'est plus spontané, tu sais, je n'ai pas besoin de prendre une demi-journée pour aller au parc* (usager 5). D'autre part, la grande différence notable entre l'expérience du parc La Fontaine et celui du Mont-Royal, exprimé par les usagers, est que la pratique du Mont-Royal est plus engagée physiquement s'ancrant dans une pratique de loisirs sportifs : *Parce que j'aime le Mont-Royal tu peux faire des marches. J'y vais pas pour les mêmes raisons, c'est pour monter le Mont-Royal, pour marcher, c'est vraiment ça* (usager 3); *oui des fois je vais au parc au Mont-Royal, mais pour faire de la course seulement* (usager 4); *ici* (parc La Fontaine), *c'est plutôt contemplatif, Mont-Royal c'est plus actif* (usager 6). Notons que la facilité d'accès et la topographie du parc influencent sur son appropriation. Dans le cas du parc La Fontaine, on voit que c'est un lieu de proximité ne nécessitant pas d'organisation particulière pour s'y rendre. Rappelons que lors de notre introduction, nous avons évoqué le fait que l'aménagement du parc La Fontaine, par rapport à ces deux contemporains que sont le parc du Mont-Royal et le parc de l'île Ste Hélène, avait été pensé comme un espace de proximité, facile d'accès pour tous.

Nous observons qu'il existe une liaison entre la situation géographique du lieu de vie des usagers et la fréquentation du parc. En effet, nous pouvons noter que quatre usagers (2, 3, 4 et 5) sur les six que compte l'étude vivent proches de cet espace. Citons pour exemple l'usager 4 : *Oui, car c'est vraiment proche de chez moi. Et j'aime bien ce parc.* Sur ces quatre personnes résidant aux alentours du parc, seulement l'usager 5 ne fréquente plus le parc régulièrement, en raison d'une mauvaise expérience personnelle. Cet usager utilise tout de même régulièrement le parc comme passage pour se rendre à son lieu de travail. Notons que la situation géographique du parc au cœur du Plateau-Mont-Royal et son inscription historique dans la Ville en font un lieu emblématique. Dans ce sens, on pourrait s'attendre à le voir investi par des usagers venant apprécier son caractère « particulier » en tant que nature aménagée réputée à Montréal. Notre échantillonnage montre qu'il est davantage un espace de proximité pour les usagers interrogés.

La majorité des usagers fréquente régulièrement le parc. On observe que les usagers 3 et 5 se rendent au parc quotidiennement. Les usagers 2, 4 et 6 ont une expérience périodique, c'est-à-dire d'une fois par semaine. Seul l'usager 1 a une expérience occasionnelle. Remarquons que cet usager n'habite pas à Montréal. Les données soulignent que le temps passé dans le parc est relativement important, allant d'un minimum d'une heure à une après-midi entière. Les usagers 2 et 3 y passent une à deux heures. L'usager 4 peut y passer 4 heures. Les usagers 5 et 6 ont plus une expérience du parc dans une activité de passage : *Je traverse presque tous les jours* (usager 5); *je passais souvent en vélo. Puis quand, je gardais le chien, je venais tout le temps me promener le matin et le soir* (usager 6). Sur les six personnes que compte notre analyse, cinq ont donc une expérience régulière du parc La Fontaine. De plus, l'usager 1 n'ayant pas une pratique régulière de cet espace ne vit pas à Montréal (elle était de passage en ville lors de l'entretien).

L'étude expérientielle du parc dans son contexte urbain amène donc un éclairage sur la place de l'expérience du secteur étudié dans le cadre de vie de ces usagers. Le parc La Fontaine est un lieu de quotidienneté par sa régularité de fréquentation et la proximité d'habitat des usagers. Ils accordent d'ailleurs un temps important à la pratique de cet espace. Ce qui suggère que l'expérience du lieu est une pratique qui s'inscrit dans les habitudes du cadre de vie urbain des usagers. Par rapport aux observations faites sur l'investissement du parc lors de l'analyse physico-spatiale, l'étude de l'expérience apporte une précision sur la manière dont se déroule la pratique de cet espace dans le cadre de vie quotidien et urbain. Il s'agit d'une pratique régulière et spontanée résultant de la proximité de l'habitat.

4.1.2   La dimension spatiale dans l'expérience du parc

Nous avons vu que le parc se répartit en aires d'activités (aires de détente; de loisirs sportifs et récréatifs; avec des jeux pour les enfants). Les propos des usagers soulignent une appréciation du parc par rapport à cette répartition spatiale. En effet, l'usager 2 évoque la tranquillité présente dans la zone étudiée par rapport à l'aire dédiée à l'enfance : *[...] Que ce soit paisible, il y a des sections pour jouer, il y a des sections pour la nature, sinon les gens s'installent n'importe où, et il y a plus vraiment d'endroits où tu peux te ressourcer te reposer. [...] Il y a la section pour enfants plus loin, ben je vais pas m'asseoir autour de cette section. Je viens ici, car c'est tranquille.* Les usagers 3 et 6 soulignent aussi leur appréciation de cette répartition spatiale : *(terrain de baseball) J'y passe, ça m'arrive de m'arrêter 5 à 10 min, je regarde, c'est sympa de regarder les gens jouer, mais pour moi c'est pas ma zone du parc* (commentaire photo 16, usager 3); *[...] côté un peu sud du parc, j'aime bien. [...] Toute façon, je fais une différence entre l'un côté puis l'autre de la chute. Si tu regardes, ici, il y a beaucoup plus de gens seuls, il n'y a pas beaucoup de gens qui jasent, tout le monde est beaucoup plus posé. De l'autre côté, il y a plus de gens, c'est un peu plus animé, t'as plus de groupes, des choses comme ça. Puis juste un peu plus vers la petite école, en fait, c'est vraiment plus les groupes qui font des barbecues, des pique-niques* (usager 6). L'appréciation du zonage par les usagers laisse apparaître que le parc La Fontaine est occupé par une diversité d'expériences rendues possibles par l'aménagement. Les usagers soulignent aussi qu'il est important pour eux que les différentes pratiques possibles s'identifient dans des secteurs bien définis afin que les différents types d'usagers ne viennent pas se gêner entre eux. Nous observons d'ailleurs que le secteur étudié est dédié à des pratiques de contemplation et de relaxation.

Toujours par rapport à la structuration de l'espace, nous voyons que les usagers 1, 3 et 5 évoquent une dépréciation de la position du mobilier urbain. En effet, ces usagers ont souligné que les assises (les bancs) étaient souvent positionnées dans les zones de passage. Cette disposition est vécue chez ces usagers comme gênante : *Les bancs sont un peu rapprochés, car c'est en face du lac. Mais, près des terrains de tennis, ils sont plus distancés, donc on peut s'asseoir, se reposer, pas être entouré d'un va-et-vient tout le temps* (usager 1); *ce qui est chiant quant t'es sur les bancs, c'est que t'es juste à côté des gens, t'as les gens qui passent à un mètre de toi, puis ça c'est chiant* (usager 3); *sur les bancs il y a plein de monde autour, il y a plus de monde* (usager 5). Les entretiens laissent aussi apparaître une dépréciation par les usagers 3, 5 et 6 des édicules désaffectés, des bâtiments administratifs, des espaces de stationnement et des voies de circulations automobiles (avenue Émile Duployé) : *Là c'est pareil, le bâtiment qui est en plein milieu du parc et on ne sait pas ce qui fait là, tu sais. Je n'ai même pas regardé à quoi il servait, mais tu te demandes ce qui fait là. Puis après c'est pareil tu as encore un parking* (usager 3, photo 18); *c'est encore la laideur qu'on peut retrouver à certains endroits dans le parc, là c'est dans ce bâtiment-là (ancien restaurant) que je trouve affreux. Puis tout autour, il y a plein de trucs laids qu'on peut retrouver* (usager 5, photo 18); *puis, tu vois le bâtiment est comme tout décrépi, il manque des briques, il est assez en mauvais état* (usager 6, photo 3). Notons que la prise de photos commentées a soulevé chez l'usager 5 une forte dépréciation des clôtures présentes dans le parc. Pour cet usager, ces éléments soulignent une barrière physique dans l'expérience de la végétation comme l'illustre ce propos : *J'ai remarqué qu'il y avait de notions d'interdits, de barrières entre la nature puis l'homme finalement. Comme s'ils avaient créé des barrières entre nous et la nature en fait.*

Il est aussi apparu que les usagers 5 et 6 ont une réflexion par rapport à l'histoire en voyant les monuments et édicules du parc : *Quand je passe à côté des vespasiennes, là, je remarque vraiment, pour moi, là, c'est vraiment le symbole de la construction du parc* (usager 5) ; *t'as des petites réflexions, quand tu passes devant les statues, les monuments, ça donne une réflexion par rapport à ça* (usager 6). Ainsi, nous observons que les éléments architecturés sont pour certains usagers, des rappels physiques du caractère historique de l'aménagement.

L'étude physico-spatiale a permis de souligner le caractère historique de l'aménagement structuré en aire d'activités. Rappelons que cette organisation de l'espace s'est définie à partir des années 1950, après l'aménagement des terrains de baseball. Cet aménagement permettant divers types de pratiques, tout en les identifiant clairement dans l'espace. À cet égard, l'analyse expérientielle montre que les usagers ont une appréciation de cette structure organisée selon les types de pratiques. La majorité des usagers ont souligné qu'ils appréciaient de pouvoir investir un secteur du parc, sans pour autant être gênés par d'autres activités. On remarque aussi, une dépréciation de la position des assises juxtaposées le long des zones de passages et la présence d'éléments architecturés (bâtiments administratifs et désaffectés, stationnements, voie de circulations). Pour finir, on note que deux usagers ont une appréciation de l'histoire du site au travers des éléments architecturaux et ornementaux.

4.2   L'expérience dans sa relation proximale

4.2.1   Pratique et appropriation

La partie précédente a considéré l'expérience plus générale du parc La Fontaine dans son contexte urbain. La section suivante se consacre à l'expérience dans la manière qu'ont les usagers d'investir et d'appréhender le secteur des bassins et de la fontaine.

Nous avons observé que l'investissement du secteur étudié été soumis à une régularité de fréquentations. Le regard porté sur la pratique et l'appropriation permet de préciser cet aspect. L'expérience quotidienne du parc se caractérise par des pratiques construites dans des habitudes. Elles se manifestent chez les usagers par la récurrence dans la manière de pratiquer le site ou dans le type d'activité faite au parc. Nous pouvons observer cet aspect chez tous les usagers dans l'appropriation habituelle des bancs (usagers 1 et 2) et de la pelouse (usagers 3, 4, 5, 6). Notons encore que l'usager 2 se rend toujours au parc pour lire ou écouter de la musique : *Je viens lire quelquefois, écouter de la musique sur mon mp3.* L'usager 3 évoque la récurrence de toujours se rendre au parc à pied. Ces caractères de régularité et de routine de l'expérience montrent que cet espace fait partie intégrante du cadre de vie quotidien des usagers interrogés.

La régularité de l'expérience est aussi en corrélation avec le facteur climatique et saisonnier. En effet, la majorité des usagers ont une expérience régulière de l'espace essentiellement durant le printemps, l'été et l'automne surtout lorsque les températures sont les plus propices. Cette donnée vient confirmer nos observations de terrain faites au chapitre précédent, où nous avons pu observer une forte affluence les jours de beaux temps. L'usager 2 fréquente le parc seulement l'été : *De temps à autre, surtout l'été, une fois par semaine.* L'usager 3 a une expérience du parc surtout lors du printemps, en été et en automne : *(Ben), moi surtout en période printemps, été, automne.* Les usagers 4, 5, 6 viennent au parc que ce soit au printemps, en été, en automne ou en hiver : *L'été, c'est cool, il fait beau. Mais l'hiver c'est vraiment le fun. Je pense que le parc c'est toutes les saisons. L'automne c'est beau, il y a les feuilles* (usager 6). À cet égard, les entretiens révèlent que la fréquentation du parc l'hiver est moins régulière que durant les autres saisons : *L'hiver des fois, je fais seulement du patinage* (usager 4); *(ben) l'hiver s'est fermé, les chemins, faits que moins, mais je passe quand même autour [...]. Des fois, je prends une petite marche* (usager 5). Cette observation confirme qu'une part de l'expérience du parc pour les usagers s'ancre dans une appréciation d'un climat propice à rester à l'extérieur.

Par ailleurs, les données recueillies permettent d'observer que le moment de la journée accordé à la pratique du parc est souvent lié aux activités qui s'y déroulent et qui créent diverses ambiances. L'analyse physico spatiale a permis de voir que le parc selon les heures de la journée est investi par différents types d'usagers. À cet égard, les usagers ont exprimé leurs préférences pour les horaires qui coïncident à leur type d'appropriation. À part l'usager 6, qui vient occasionnellement le matin, tous les autres fréquentent surtout en après-midi et en début de soirée : *Des fois t'as les gens qui s'arrêtent et jouent de la guitare, ça, c'est un truc que j'apprécie, ça met une animation, un bruit de fond en fait [...], tu viens chercher une ambiance* (usager 3). Soulignons qu'il est arrivé aux usagers 3 et 5 de passer de temps à autre dans le parc la nuit : *La nuit, ça crée vraiment une zone noire, je trouve* (usager 3); *il y a pas grand monde. La nuit en fait, c'est surveillé, il y a souvent des voitures de la ville ou de police* (usager 5). Sur les six usagers, il a été observé que l'usager 6 allait au parc à différents moments (matin, après-midi, soirée et nuit). Il évoque justement son goût pour les

79

différentes ambiances rencontrées au parc selon ces moments de la journée : *C'est cool, quand tu viens vraiment tôt le matin, dans le parc, c'est vraiment le fun. Il y a quelque chose dedans d'hyper paisible. [...] Puis plus la journée avance, c'est plus la fête, il y a du monde qui joue au frisbee, ou des trucs comme ça. C'est plus festif. Puis le soir, t'as un peu la faune étrangeoïde qui envahit le parc, ça devient bizarre.* Ainsi, nous pouvons voir les usagers sont sensibles à l'environnement social et aux autres usagers présents dans le parc selon les moments de la journée. En effet, les usagers lors de la fréquentation de cet espace porte attention aux pratiques environnantes (qui varient en fonction des moments de la journée) lors de leur investissement.

La répartition en aire d'activités joue un rôle sur les différentes ambiances du parc, qui elles-mêmes influencent le choix des usagers dans leurs appropriations de l'espace pour certains secteurs plutôt que pour d'autres. Prenons pour exemple les propos des usagers 2, 3, 4, 5 et 6 : *Je trouve important quand les gens respectent ça aussi. Que cela soit paisible, il y a des sections pour jouer, il y a des sections pour la nature [...]* (usager 2); *je te dis, je viens surtout du côté ouest du parc, car les infrastructures sont plus adaptées à mon type d'activités, mais côté est, là il y a les terrains, j'y vais pas, car ce n'est pas... J'en ai pas l'utilité* (usager 3); *il y a plein de choses, il y a la végétation, la fontaine, il y a l'endroit pour les enfants, pour jouer. Il y a plein d'endroits* (usager 4); *des musiciens, car dans ce coin-là, il y a toujours des musiciens, ça marque ce petit coin là près du pont* (usager 5); *t'as vraiment tout, ce qui est le fun. Ici, on est à côté du lac, c'est plus repos, le monde est tranquille, un peu plus loin, t'as vraiment une gradation, c'est tranquille, posé. Après ça, c'est plus le petit truc activité, le monde font leurs pique-niques, après ça t'as les trucs sports, machin, puis après ça t'as la ville, de l'autre côté de la rue t'as l'autre petit parc où t'as jamais personne* (usager 6). Les données soulignent que les usagers privilégient certains lieux en fonction de l'ambiance qui s'y déroule. Cette ambiance est une corrélation entre les éléments composant l'aménagement du parc et le type d'usagers qui l'investissent. Notons que cet aspect participe au caractère routinier et habituel de l'expérience des usagers. Nous pouvons le remarquer par rapport aux entretiens 2, 3, 4, 5, 6. Prenons l'exemple des propos de l'usager 3 lors du commentaire des photos (photos 2 et 16) : *En fait ce qui a, je me suis aperçu, quant j'ai fini mon parcours et que je suis arrivé, j'étais à 50 m plus loin et j'entendais la fontaine [...] et là, je sais que j'arrive à mon endroit; (Le terrain de baseball) j'y passe, ça m'arrive de m'arrêter 5-10 min, je regarde, c'est sympa de regarder les gens jouer, mais pour moi c'est pas ma zone du parc.* Notre étude physico spatiale a permis d'identifier que le secteur étudié se définissait par des pratiques majoritairement contemplative et de détente. Nous pouvons préciser que l'expérience de cet espace passe par des activités routinières de contemplation et de détente.

Les données recueillies révèlent que tous les usagers interrogés évoquent que leur expérience du parc est également tournée vers l'observation des autres usagers. Cinq usagers sur six ont abordé cet aspect : *L'après-midi, pour voir les gens* (usager 2); *ce que j'aime beaucoup c'est voir, voir les gens, voir l'animation, c'est un lieu de rencontre* (usager 3); *je regarde un peu le monde* (usager 4); *je regarde un peu ce qui se passe autour aussi* (usager 5); *ça m'arrive d'observer, des fois, je trouve ça le fun d'observer, tout ça. Un peu plus loin, il y a des gens qui ont accroché des ballons* (usager 6). L'usager 3 souligne même le fait que cela peut paraître « vicieux ». Les données montrent donc que la pratique de cette section du parc engage l'expérience des usagers dans une relation à l'environnement social par un besoin d'observer les autres usagers dans leurs pratiques de l'espace.

Nous voyons aussi que l'investissement de l'espace se fait en fonction de la densité de gens présente dans le parc. En effet, cinq usagers sur six ont exprimé le fait qu'ils privilégient un endroit plutôt qu'un autre par rapport à l'achalandage de gens rencontrés dans l'espace : *Près des tennis, ils sont plus distancés (les bancs), donc on peut s'asseoir, se reposer, pas être entouré de va-et-vient tout le temps* (usager 1); *il y a des sections pour jouer, il y a des sections pour la nature, sinon les gens s'installent n'importe où, et il y a plus vraiment d'endroits où tu peux te ressourcer, te reposer, te retirer du bruit* (usager 2); *des fois, ici, c'est que c'est vraiment beaucoup plus achalandé, ça des fois c'est un peu gênant, même si des fois, je recherche un peu l'ambiance des fois c'est trop et c'est pour ça que je viens pas le week-end* (usager 3); *moi je préfère le soir, un peu plus proche de 5 h, parce que le soleil tape pas si fort [...] et il y a moins de monde aussi* (usager 4); *je vais venir pique-niquer avec des amis ou tout ça. Mais toute seule, j'ai eu des mauvaises expériences, presque tout le temps, l'été passé, quand je venais toute seule au parc, il y avait tout le temps un con qui venait s'asseoir à côté de moi et qui commençait à me draguer, puis là, ça m'a refroidie, du coup, j'aime aussi bien m'asseoir sur ma terrasse que venir me faire emmerder* (usager 5); *je trouve que c'est un parc qui est quand même plus social que les autres, on dirait. (Ben) en fait, justement tous ces petits attroupements comme ça. S'il y a une place, où c'est plus facile de rencontrer des gens ici* (usager 6). Ainsi, les usagers sont sensibles à l'environnement social, tout en cherchant lors de leur expérience à investir des espaces pas trop achalandés afin de maintenir une certaine distance par rapport aux autres usagers. Dans ce sens, l'expérience en relation à l'environnement social du secteur étudié semble répondre à une certaine codification sociale. Il est intéressant de voir que ce caractère de l'expérience se déroule à la fois dans un besoin de contemplation des autres usagers tout en voulant garder une certaine distance. Ce phénomène rappelle les observations que fait Hall dans *La dimension caché* (1966) et qu'il nomme « distance proximale », c'est-à-dire la distance physique qui délimite la sphère intime d'une personne à l'intérieur de laquelle il est interdit de pénétrer.

Jusqu'à présent les données ont relaté comment la pratique et l'appropriation des usagers sont définies en termes de fréquence des activités, d'habitudes particulières et du degré de socialisation. Les entrevues avec les usagers permettent de préciser les pratiques solitaires ou de groupe et stationnaires ou actives. Nous parlons d'expérience stationnaire lorsque l'usager se rend au parc pour s'installer dans un endroit et passe la grande partie de son expérience à cet endroit. L'emploi de « stationnaire » n'exclut pas que l'usager puisse avoir un déplacement au cours de son expérience, mais celui-ci ne constituant pas l'activité principale. La pratique active renvoie quant à elle à une expérience du parc plus dynamique, c'est-à-dire marquée par un déplacement et un mouvement constant de la part de l'usager.

La majorité des usagers interrogés ont une pratique du parc à la fois solitaire ou en groupe. Dans le secteur étudié, la pratique la plus courante est l'appropriation en solitaire dans une expérience stationnaire. Durant cette pratique, les usagers s'adonnent à des activités personnelles : certains aiment lire ou écouter de la musique, ou se concentrent sur l'écriture, le dessin et la lecture (usagers 2, 3, 4). De plus, les données montrent que l'expérience solitaire est aussi une pratique introspective, dans le sens où les usagers se concentrent dans des activités relativement intimistes. L'usager 2 apprécie les espaces en retrait : *Je me retire un petit peu plus, c'est plus le contact avec la nature que je cherche. Plus pour me ressourcer.* L'usager 3 aime être en solitaire, car ça lui permet de relaxer : *Je viens surtout m'abreuver pour redémarrer le lendemain. C'est un moment pour moi, où je me reconcentre sur moi.* L'usager 6 explique qu'il a un rapport à l'environnement naturel (végétation, climat) plus important, quand il est plus isolé du monde : *En fait, c'est un espace plus nature. Sinon, j'ai l'impression de l'autre côté du lac, j'aime pas beaucoup, t'as l'impression d'être en terrasse, tout le monde picole, jase, c'est pas nécessairement ma vision du parc.* Rappelons que la pratique en solitaire s'identifie par l'observation des autres usagers du parc dont nous avons déjà parlé. Cette pratique solitaire favorise donc une expérience intimiste, introspective et une contemplation de l'espace et de l'environnement social. Elle se déroule aussi de manière stationnaire dans un lieu défini du secteur étudié.

Nous observons que l'expérience chez les usagers 2, 3 et 6 se construit dans une négociation du besoin de solitude et du degré d'ouverture à la socialisation. Ces usagers expriment qu'ils leurs arrivent d'avoir de brefs échanges sociaux avec d'autres usagers, mais cela reste toujours anonyme et ne donne pas lieu à de la fraternisation : *Discuter avec des gens que je connais pas, mais je les revoie pas, où je créais pas des liens pour autant* (usager 2); *comme je te dis, j'aime bien aussi être interrompue dans mes pensées, puis rencontrer des gens* (usager 3); *je trouve ça le fun de faire un pique-nique, tu rencontres des gens d'à côté* (usager 6). L'usager 2 précise qu'il est moins disposé à être ouvert aux autres lorsqu'il est d'humeur maussade : *Quand je suis de moins bonne humeur, je suis moins disposé à aller vers les gens, je me retire un petit peu plus, c'est le contact à la nature que je recherche.*

L'expérience du parc La Fontaine en groupe se déroule de manière plus occasionnelle chez les usagers interrogés. Cette pratique du parc s'identifie par des activités récréatives et de loisirs telles que des pique-niques ou des promenades avec des amis ou de la famille (usagers 3, 4, 5, 6). Le parc offrant un espace propice à converser et à pratiquer des jeux tels que le frisbee ou autre : *Les activités que j'ai en groupe c'est essentiellement de la discussion [...] moi, j'aime ça, tu viens à deux pour discuter* (usager 3); *des fois, ça m'arrive que je vienne avec des amis* (usager 4); *des fois, je vais venir pique-niquer avec des amis, ou prendre une marche avec une amie ou deux, ouais pour converser aussi* (usager 5); *je pense que c'est pas mal les petits barbecues, où il y a une mini activité un peu, sans compétition, c'est juste lancé le frisbee* (usager 6). La pratique en groupe représente donc une pratique sociale active mobilisée par des loisirs récréatifs ou sportifs. Cette dernière peut aussi se dérouler dans une posture solitaire par des activités comme le vélo comme le souligne les usagers 4, 5 et 6 : *Quand je suis à vélo, si je suis fatiguée, et que je veux quelque chose de plus smooth, des fois, je passe par là*) (chemin central du parc) *[...] puis quand, je file un peu plus mountain bike girl, là je passe par là* (piste le long de l'école primaire) *et je m'amuse à faire des sauts, là je descends la côte à toute allure* (usager 5); *des fois je fais le tour de la piste cyclable, des fois je traverse par le pont [...] c'est tout le temps le fun de passer en vélo, tu vas super tranquillement* (usager 6). Pour l'usager 4, le parc est un moyen de faire une pause en vélo : *Je vais au canal Lachine pour faire du vélo, et je reviens et je me repose au parc d'avoir fait du vélo.* Les usagers 1 et 2 ont une expérience de mobilité se déroulant essentiellement dans une activité de promenade à pied.

Notons encore que la manière de pratiquer et de s'approprier l'espace du parc dépend de l'âge des usagers. Nous voyons que les usagers correspondant à la tranche d'âges de 25 à 35 préfèrent investir les zones engazonnées (usagers 3, 4, 5 et 6), tandis que les usagers correspondants aux tranches d'âges de 40 à 60 (usagers 1 et 2) privilégient une installation sur les assises. Citons à titre d'exemples les propos de l'usager 2 : *Un banc, oui parce que c'est plus confortable pour moi aujourd'hui. L'herbe je l'ai fréquenté pendant plusieurs années (rire) maintenant je suis plus tenté de m'asseoir sur un banc.*

Pour finir, nous pouvons noter que deux usagers s'adonnent à certaines activités événementielles qu'offre le parc. L'usager 3 va voir des spectacles au Théâtre de Verdure : *Je viens au concert.* L'usager 4 participe à la course annuelle du parc La

Fontaine qui a lieu au mois d'octobre : *Moi j'aime faire de la course, et il y a une course ici [...] pour moi, c'est comme un espèce de rituel.*

En conclusion, nous avons observé par l'étude physico-spatiale que le parc reçoit une forte affluence de gens. Cet engouement pour l'investissement de cet espace semble être relatif aux pratiques possibles durant la saison que représentent les mois de mai à octobre. Selon notre analyse, les usagers interrogés privilégient une expérience du parc durant le printemps, l'été et l'automne, car ses saisons sont propices aux pratiques de contemplation et de loisirs récréatifs ou sportifs. D'autre part, les usagers ont une expérience du parc marquée par une pratique régulière et routinière se localisant dans le secteur des bassins et de la fontaine. Il est aussi intéressant d'observer que le choix du lieu dans lequel ces usagers vont privilégier leur expérience se définit en fonction du moment de la journée et du type et de l'achalandage d'usagers dans l'espace. L'environnement social est donc un élément déterminant dans l'expérience de ce parc et de sa localisation au sein de l'espace. Ce caractère fait ressortir que l'expérience dépasse la seule pratique de l'espace, car elle trouve son sens en relation à l'ambiance qui règne au parc selon les secteurs et les moments de la journée. Nous pouvons aussi voir que l'activité principalement décrite, dans le sens où elle entre dans une pratique quotidienne pour la majorité des usagers, est l'appropriation en solitaire, de la zone étudiée. Elle se définit de manière stationnaire, ancrée dans la contemplation des lieux et des activités introspectives et intimistes. Cependant, cette activité reste en liaison avec l'environnement social dans la mesure l'intégralité des usagers ont manifestés un goût pour la contemplation des autres usagers présents dans l'espace. L'expérience des usagers s'inscrit aussi dans d'autres types de pratiques, mais celles-ci sont présentées par ces derniers de manière plus secondaire ou occasionnelle. Ces activités se définissent par des pratiques de loisirs récréatifs, sportifs et événementiels, en groupe ou en solitaire. Ainsi, le parc est un espace qui permet une variété d'expériences. Dans le même temps, cette variété de pratiques amène l'espace à être vécu de diverses manières : la pratique de groupe privilégie une activité de socialisation tandis que la pratique en solitaire se définit par des activités intimistes et la contemplation du paysage et de l'environnement social.

4.2.2   L'expérience sensible et sensorielle du parc

Nous avons vu que l'expérience du parc par les usagers et liée au facteur saisonnier. Une majorité d'entre eux ont marqué une préférence de pratique durant la période du printemps, de l'été et de l'automne. Cette observation souligne une sensibilité à l'environnement saisonnier et climatique. Les usagers cherchent dans leur expérience à profiter de ses manifestations. Ils évoquent entre autres leur besoin de contact avec le soleil : *Je suis venue quelquefois prendre des marches dans le parc, lorsqu'il faisait beau* (usager 1); *l'après-midi, pour voir les gens, puis prendre le soleil. Je fréquente le parc surtout l'été* (usager 2); *le moment où tu profites le plus, c'est le printemps où il commence à faire beau que la neige à disparu et le premier dimanche où je vais pouvoir venir, ici, même si des fois c'est encore un peu frais, mais quand le soleil est dans ta face, et l'effet que ça procure, c'est une sensation nouvelle pour moi, mais j'aime bien* (usager 4).

On constate que l'appréciation de l'espace et de l'aménagement paysager est liée aux besoins personnels des usagers. En effet, l'aménagement doit permettre aux usagers d'investir les lieux selon leurs attentes et leurs besoins. Cette observation est présente dans tous les entretiens. Par exemple, l'usager 1 pour des problèmes de santé et en raison de son âge ne peut pas avoir un contact direct avec le soleil, il apprécie donc qu'il y ait des bancs à l'ombre : *Il y a beaucoup d'ombre, il y a des bancs, on peut s'asseoir.* L'usager 2 aime aller au parc pour se relaxer et il apprécie que l'espace soit réparti en secteurs, car cela lui fournit un environnement sonore particulier en rupture avec certains bruits de son quotidien. Il évoque le fait d'habiter proche d'une école, il est donc important pour lui de ne pas retrouver au parc ce type d'environnement sonore. À cet égard, l'usager souligne son appréciation de l'aménagement en secteur d'activité qui lui permet de privilégier un espace du parc où il ne retrouve pas le bruit des enfants : *Que cela soit plus paisible, il y a des sections pour jouer, il y a des sections pour la nature, sinon les gens s'installent n'importe où et il y a plus vraiment d'endroits où tu peux te ressourcer, te reposer, te retirer du bruit [...] on a pas forcément envie d'entendre crier les enfants toute la journée, tu sais moi j'habite en face d'une cour d'école primaire, alors quand je viens au parc, je veux pas entendre les enfants crier toute la journée. C'est normal que les enfants poussent des cris, mais moi ça commence à 8 h le matin chez moi là, alors quand je viens ici c'est pour me couper de ces bruits-là. Je viens passer un moment pour moi, il y a la section pour les enfants plus loin, ben je vais pas m'asseoir autour de cette section-là. Je viens ici, car c'est tranquille. On a le choix, c'est ce que j'aime.* L'expérience sensorielle se module donc en relation à l'environnement physique et social en fonction de l'aménagement des secteurs au travers des infrastructures, de la disposition de la végétation, des sentiers, des pelouses et du type d'usagers qu'ils les fréquentent. Il semble que l'aménagement du parc La Fontaine permet de répondre aux besoins d'une population hétérogène. Ainsi, la végétation devient un élément fonctionnel avant d'être un élément esthétique, ou bien encore l'aménagement du parc en secteur d'activité permet de privilégier un certain type d'expérience sonore. Remarquons que cette sensibilité de l'espace répond aux besoins spécifiques des usagers. On remarque que les usagers interrogés sont sensibles à certaines composantes qui rappellent l'idée de nature. L'usager 1 apprécie la maturité du couvert végétal et la fontaine : *La verdure, la belle verdure et il y a la fontaine aussi. Mais c'est la verdure et les beaux arbres.* L'usager 2 parle de l'espace et de la fontaine : *il est plus beau, il est majestueux le parc La Fontaine. C'est un des plus beaux parcs qu'on a Montréal; l'eau c'est important pour moi. [...] C'est ma nature, le bruit de la fontaine qu'est là-bas c'est apaisant.* L'usager 3 évoque son attrait pour la végétation, l'eau et l'espace : *Je crois que c'est l'eau et le vert. En fait, c'est vraiment très primaire, l'eau, tu vois le mouvement de l'eau puis l'air [...], mais en fait ce que j'aime ici, c'est qu'on est pas sur un terrain plat. On est sur un terrain en pente, et en pente avec un diaporama, c'est comme si tu étais en position allongée, mais tu peux regarder.* Les usagers 4, 5 et 6 parlent de l'espace en général : *J'aime beaucoup l'espace, j'aime aussi le gazon* (usager 4); *je trouve que c'est un parc vraiment bien construit, et j'aime beaucoup, heuheu, c'est pas si grand, mais l'espace est vraiment maximisé, t'as vraiment l'impression que c'est plus grand que ça l'est réellement. Il y a toutes sortes de petits recoins, tu sais. C'est vraiment un beau parc, puis avec l'eau, j'aime l'eau; La fontaine juste parce que je trouvais ça beau* (usager 5); *je pense que c'est l'étendue d'eau, la petite chute, le petit environnement. T'as vraiment tout, ce qui est le fun* (usager 6).

87

L'usager 2 attache une importance et une sensibilité particulière à la présence de la végétation dans le parc : *Il est très beau, on a l'impression de rejoindre la nature; il y a la nature, les arbres, on a l'impression que l'air est meilleur.* L'usager 4 est sensible à la gestion du parc : *Moi, je pense que c'est un beau parc, parce qu'il est vraiment propre, ils travaillent bien pour le maintenir, il est bien arrangé.*

Plusieurs usagers ont déprécié la présence des différents éléments architecturés (pavillon Calixa-Lavallée, bâtiments administratifs, école) et le fait que certains soient plus ou moins laissés à l'abandon dans le parc (ancien restaurant, vespasienne) : *Je crois que j'enlèverais, j'enlèverais les verrues de bâtiments, enfin qui pour moi sont des verrues* (usager 3); *le bâtiment laid là, qui sert à rien, c'est un ancien restaurant, mais je trouve que c'est vraiment là.... bouboubouuu* (usager 5); *moi, ce qui me dérange c'est tous les bâtiments-là, qui sont désaffectés, on comprend pas qu'est-ce qui se passe là [...] la rue qui passe dedans, l'enlever. C'est vrai, c'est vraiment ridicule l'autre partie du parc, elle sert vraiment à rien, elle est vraiment pas fréquentée* (usager 6). Les usagers 3 et 6, lors de leur prise de photos, illustrent leur dépréciation des bâtiments en raison de leur piètre état. De même, ils ont à plusieurs reprises souligné leur perplexité sur le rôle et la place des édifices au sein du parc. La dépréciation des bâtiments semble également faire écho aux besoins des usagers de s'affranchir de toute connotation urbaine comme nous le mentionnions au début de ce chapitre. En effet, on voit que les bâtiments sont vécus comme une infiltration et une imposition de la présence urbaine dans le parc. D'ailleurs, l'usager 2 souligne cet aspect : *Je suis content qu'il soit comme ça. Qu'on y ajoute pas trop de béton. Ce qu'on fait malheureusement dans les parcs de quartiers... On investit des centaines de milliers de dollars pour faire des parcs qui sont moitié en béton. Quand c'est si simple de faire des parcs avec des arbres qui prennent leurs places, puis c'est la nature. L'espace vert, c'est ça qu'on a besoin. Du béton, on en a partout.* Il est intéressant d'observer qu'il apparaît que chez les usagers, le parc doit répondre à une certaine esthétique dominée par des éléments se référant à la végétation faisant rupture avec la matérialité propre de l'espace urbain.

Les usagers apprécient les animaux (écureuil, canards, etc.) présents dans le parc comme appartenant à l'environnement de ce dernier. Par contre, nous pouvons remarquer que les usagers 2 et 3 restaient plus réticents à la présence d'animaux domestiques : *Ah non! Mais les chiens non, car les chiens, ça chie partout. [...], Mais ce qu'il y a de sympa, c'est les animaux qui sont là dans le parc, car ils sont dans le parc; un petit écureuil, car ça fait partie intégrante du parc La Fontaine, on peut pas les manquer* (usager 3). Les usagers 4 et 6 sont sensibles à la présence animale : *C'est très important, chaque fois, il y a de plus en plus de canards et au printemps, il commence à y avoir des bébés canards, c'est joli* (usager 4); *la faune et la flore c'est ce qui définit un peu la nature dans le parc* (usager 6). Nous pouvons voir par rapport à ce qui vient d'être présenté que les usagers entretiennent une relation sensible à la végétation et à la faune abritées par le parc.

Dans l'expérience du parc, le sens visuel est particulièrement sollicité, que l'on soit sensible à l'environnement végétal, animal ou social. Les usagers évoquent explicitement leur intérêt à regarder : *Observateur plutôt* (usager 2); *en observateur, j'aime* (usager 3); *je pense que c'est regarder les gens. C'est une activité que j'aime bien. Regarder ce que les gens font* (usager 4); *je regarde ce qui se passe autour* (usager 5).

Les données montrent que la pratique du parc est néanmoins une expérience polysensorielle. Les usagers ont noté l'importance du paysage sonore et tactile. L'usager 2 est sensible à l'environnement sonore du parc : *ça reste un endroit paisible, on entend moins les bruits de la ville [...] le bruit de la fontaine qui est là-bas c'est apaisant.* L'usager 3 se trouve aussi dans la même posture : *Tu sais, c'est quand même intéressant, c'est que tu viens aussi couper quand même du bruit. Puis, on dirait que le bruit de l'eau couvre un peu le bruit de la circulation, du bruit de la ville; les bruits, c'est vraiment des choses que j'aime. Le brouhaha des gens qui parlent aussi. Ça met de l'ambiance, ça casse du bruit des bagnoles. C'est le changement d'atmosphère entre la ville et le parc.* Cet usager précise que l'environnement sonore présent dans le secteur qu'il pratique habituellement est pour lui une balise indiquant la proximité de ce lieu : *J'entendais la fontaine, le bruit de la fontaine et en faite il y a un bruit familier, et là, je sais que j'arrive à mon endroit.* Au niveau de l'expérience tactile, cet usager parle de son besoin de toucher le gazon : *J'aime bien être dans l'herbe, je prends une brindille, j'arrache les fleurs, j'arrache l'herbe.* On remarque aussi qu'il est sensible au vent : *Tu sens la brise. Tu sens les éléments bouger.* L'usager 4 aime écouter le son de la fontaine : *J'aime le bruit de l'eau en fait.* Cet usager apprécie aussi d'être en contact avec le sol *: Je préfère l'herbe [...] c'est le contact avec la terre, j'ai la manie de toucher l'herbe, ça me détend.* L'usager 5 est lui aussi sensible à l'expérience tactile : *J'aime sentir la terre. Je joue avec les brins d'herbe.* L'usager 6 parle de l'importance de l'expérience tactile et auditive, comme marquant la réalité de l'expérience : *Le plus probant, c'est le bruit de la chute, mais après ça t'as le bruit des feuilles. [...] Sinon, c'est comme regarder un parc à la télé. Si tu restes que visuel, tu sens pas le vent, puis t'as les feuilles, je pense que c'est ça un peu qui fait que t'as un contact avec le réel.* Cet usager souligne aussi que l'espace du parc le moins achalandé est celui le plus touché par l'empreinte de la ville : *ça, c'est l'autre côté, c'est super beau, mais c'est tellement bruyant, il y a jamais personne* (photo 9). La majorité des usagers (2, 3, 4, 5 et 6) manifestent une appréciation du secteur étudié, car il offre expérience visuelle et sonore et à un degré moindre, ils relèvent l'expérience tactile par le contact avec le gazon. L'expérience sensorielle des usagers vient corroborer le relevé fait lors de l'étude physico-spatiale sur le caractère du paysage sensoriel de ce secteur : la présence du dénivelé et du couvert végétal permettant une isolation visuelle à la ville et le bruit de la fontaine offrant une forme d'isolation sonore à cette dernière. Cette expérience polysensorielle contribue donc à isoler le parc de la ville tout en favorisant une appréciation du paysage du secteur étudié.

Pour conclure, on voit que les dimensions sensorielles permettent d'éclairer les éléments appréciés et dépréciés du parc. Le parc est apprécié des usagers, car il offre la possibilité de profiter des manifestations saisonnières ou climatiques. Nous observons une sensibilité esthétique aux éléments naturels du parc incluant sa faune. Par contre, on note une forte dépréciation des éléments architecturés surtout en raison de leur état. Ainsi, l'expérience positive du parc est modulée par l'environnement naturel (climat, saison, météo, faune, flore), par les éléments esthétiques (bassins et fontaine) et par l'environnement social. Nous observons que les usagers décrivent leur expérience par une sensorialité dominée par le visuel. Cependant, cette expérience reste polysensorielle au travers de l'environnement sonore et tactile. Notons que l'expérience olfactive n'est pas ressortie dans nos entretiens. Pourtant tel que le souligne Classen dans l'ouvrage *Sensations urbaines* (2005), le sens olfactif est extrêmement présent dans l'expérience de la ville. Elle souligne d'ailleurs que cette expérience est souvent d'ordre dépréciative en raison des « mauvaises odeurs» présentes dans l'espace urbain. Le parc est un espace qui offre une rupture avec le paysage olfactif urbain qui est complexe et fort, et auquel nous sommes confrontés perpétuellement. Les usagers n'ont peut-être pas été conscients de cet aspect, dans la mesure où il est implicite. Il serait donc essentiel d'approfondir cette hypothèse afin de comprendre la place de l'expérience olfactive dans le vécu du parc. Les entretiens montrent donc que l'expérience polysensorielle favorise un contact direct avec les manifestations naturelles. Cette expérience polysensorielle permet aux usagers de s'isoler de l'espace urbanisé. Il est intéressant de souligner que notre étude spatiale a montré que le secteur du parc le moins fréquenté (îlot 3) est celui où la ville à la plus grande emprise. À contrario, l'espace le plus fréquenté qui correspond à notre secteur d'étude, est celui le plus isolé au plan sensoriel de l'empreinte de la ville. Dans ce sens, cet espace du parc est celui offrant une expérience sensorielle avec ce paysage où s'aiguisent les sens par l'observation de la végétation, l'écoute du bruit de l'eau, et le contact avec la végétation. Au travers de l'expérience polysensorielle, les usagers cherchent à s'isoler physiquement de la ville et à apprécier les éléments rappelant la nature.

4.2.3   La représentation symbolique dans l'expérience

Le premier point qui peut être retenu est un fort rapport au végétal, présent chez cinq des usagers interviewés. Il est notamment illustré par un vocabulaire relatant l'expérience visuelle du parc. Les usagers 1, 2 et 4 emploient le terme d'espace vert : *J'ai déjà mon espace vert chez nous* (usager 1); *pis c'est la nature, l'espace vert, c'est ça qu'on a besoin* (usager 2); *c'est toujours important d'avoir des espaces verts pour profiter* (usager 4). Les usagers 3 et 5 évoquent leur besoin de verdure : *J'ai quand même besoin de verdure* (usager 3); *il y a du vert* (usager 5). L'usager 5, lors de sa prise de photos, a souvent évoqué l'opposition entre les infrastructures et la végétation. En

91

effet, une majorité des prises de vue présente la végétation (cet usager se référant à la végétation comme un élément naturel) contenue ou encerclée par des clôtures.

Le secteur étudié est associé aux notions de tranquillité, de relaxation et de plaisir. Ces dimensions ont été relevées chez tous les usagers interviewés : *C'est très important pour la détente, le repos, et c'est la vie. La détente, du plaisir, j'ai besoin de respirer la nature* (usager 1); *c'est essentiel les parcs. Les parcs comme ça dans une ville. Je n'imagine pas une ville comme Montréal, sans parc, où aller de temps en temps, faire le plein, se ressourcer. Parce qu'une ville là... pas de parcs, je ne peux pas imaginer ça, ça doit être l'enfer* (usager 2); *ça symbolise le calme* (usager 3); *j'aime beaucoup l'espace, j'aime aussi le gazon, pour m'asseoir et regarder le ciel un petit peu. C'est vraiment très relaxant* (usager 4); *quand je viens me promener, ou quand je sors du travail, quand j'arrive au parc ça fait comme ahahah!! Tu sais, je suis souvent stressée dans la ville et je cours partout, puis là, des fois j'oublie de me poser, et puis là, quant j'arrive au parc, ça me rappelle, hey oh, là ralentis un peu, prends le temps d'être là* (usager 5); *c'est vraiment un endroit paisible, en ville pour se relaxer* (usager 6). Notons que l'usager 2 l'assimile aussi à un espace plus sain : *On a l'impression qu'il y a moins de pollution, mais ça, c'est un peu moins fondé. Il y a la nature, les arbres, on a l'impression que l'air est meilleur, mais ça, c'est à voir.*

Nous pouvons voir aussi que le parc est présenté par les usagers comme un substitut à la « campagne». En effet, les usagers 2, 3, 4, 5 et 6 évoquent le fait que n'ayant pas de moyen de transport, se rendre au parc est pour eux un moyen d'accéder à un espace plus naturel par la présence d'une importante faune et flore : *Je vais pas souvent à la campagne, c'est pour retrouver cette nature-là* (usager 2); *pour moi, c'est difficile, parce que je suis étudiant et j'ai pas de voiture, c'est que je suis quand même dépendant des transports en commun et en fait la facilité, c'est quand même à côté de chez moi. J'ai pas beaucoup l'occasion de partir, de sortir de la ville, fait que, si j'ai pas le parc pendant l'été c'est un peu frustrant, c'est comme mon seul coin de verdure que j'ai* (usager 3); *ça m'apporte l'important de la nature. Dans une ville assez grande, c'est toujours important* (usager 4); *c'est sûr que c'est pas pareil que d'aller à la campagne, mais c'est comme un substitut [...], c'est comme de la survie [...] tu vois, j'ai vraiment besoin de nature dans ma vie, puis faute d'y avoir accès, d'avoir des parcs, ça me permet de subsister* (usager 5); *c'est une simulation d'un petit voyage en campagne, tu sais. Tu trouves tous les éléments qui sont là, mais c'est super simulé* (usager 6). À ce propos, chez tous les usagers, l'évocation du parc se fait par l'emploi d'un vocabulaire se référant à des éléments qui rappellent l'environnement naturel des régions plus éloignées des centres urbains dans lesquelles on rencontre des paysages caractéristiques du territoire québécois. Ainsi, on observe les bassins associés aux lacs : *Oui, bien l'eau c'est important pour moi. Comme je n'ai pas la chance de fréquenter les lacs, car même s'il y en a des milliers à Montréal, enfin pas à Montréal, mais au Québec* (usager 2). Il est donc intéressant d'observer que l'espace du parc est symboliquement associé à un lieu de nature, de verdure, de tranquillité ou en référence à des paysages territoriaux propres au Québec.

5 CHAPITRE : SYNTHÈSE DE L'ANALYSE, PISTES INTERPRÉTATIVES ET CONCLUSION

« La connaissance s'acquiert par l'expérience, le reste est de l'information » (Albert Einstein).

Aborder le sens du parc La Fontaine selon le vécu de ses usagers, tel était l'objectif de cette recherche. Plus précisément, nous avons tenu à mener une réflexion sur la signification de ce paysage en tant que cadre de vie ordinaire et quotidien selon l'expérience subjective des usagers du parc, cet espace n'ayant jamais été étudié suivant cette perspective. Notre étude s'inscrit dans le contexte de la recherche en paysage, envisageant l'étude du paysage selon un point de vue socioculturel. Ce modèle s'intéresse à la manière dont une société s'approprie et interprète un territoire, tout en considérant la dimension tangible du paysage. Cette lecture paysagère permet d'amener une compréhension du paysage en le situant entre forme construite et réalité matérielle. Ce cadre théorique positionne l'étude du paysage sur un plan pluridimensionnel, expérientiel et polysensoriel (Poullaouec-Gonidec et *al.*, 2005; Saito, 2007; Light, 2005).

En nous appuyant sur ce modèle, notre cadre conceptuel s'est concentré à la saisie des dimensions nécessaires à l'étude de l'expérience du parc. Nous avons tout particulièrement considéré l'étude de l'expérience du paysage dans la théorie de l'expérience esthétique et subjective (Gagnon, 2006; Saito, 2007; Light, 2005). Cette perspective engageant une réflexion sur les enjeux du vécu ordinaire et quotidien dans un paysage familier par rapport à son appréciation ou sa dépréciation. La compréhension polysensorielle du paysage a conduit à explorer les travaux développés dans le domaine de l'anthropologie des sens (Howes, 1991, 2005, 2006;

94

Classens, 1993, 1997, 2005). Enfin, en nous référant sur les travaux déjà menés sur l'analyse expérientielle de certains parcs, nous avons relevé les dimensions qui semblaient pertinentes dans l'analyse du parc La Fontaine (Low et *al.*, 2008). À partir de cette revue de littérature, nous avons élaboré un modèle d'analyse concentré sur une saisie contextuelle au niveau local (contexte urbain montréalais) tout en tenant compte de la relation proximale des individus à l'espace, c'est-à-dire la pratique, l'appropriation, la symbolique, la sensibilité et la sensorialité à l'espace. Parallèlement, nous avons considéré le paysage du parc dans sa dimension formelle au travers de la qualification spatiale et de ses attributs. Cette perspective a été préconisée afin d'amener une meilleure compréhension de l'expérience de cet aménagement. Dans ce sens, nous avons mené un relevé du cadre physique et social durant la période d'étude. Cette analyse a été appuyée par une revue de littérature en recherche paysagère (Paquette et *al.*, 2008) et spécifique aux parcs (Low et *al.*, 2008), de même que par les analyses physico-spatiales déjà existantes sur ce site (NIP Paysage, 2008).

L'analyse de l'expérience du paysage s'inscrit dans une approche qualitative. Ainsi, notre étude a privilégié un terrain d'enquête *in situ* composée d'un relevé physico-spatial du site et d'entretiens semi-dirigés auprès des usagers du parc. Notre territoire d'analyse s'est délimité au secteur ouest du parc, et par un nombre restreint d'usagers. L'analyse expérientielle s'inscrit donc comme une première lecture des dimensions qui peuvent composer l'expérience des usagers du parc.

Les données qui ont été recueillies permettent de nuancer la manière dont les usagers s'approprient le parc. L'analyse a montré que l'expérience du parc dans sa relation au contexte urbain s'inscrit dans un besoin de rupture avec ce dernier. On note une adéquation entre l'aménagement paysagé et l'appropriation de l'espace étudié. Cette adéquation s'illustre par la pratique contemplative du secteur étudié. Dans un même temps, les entretiens ont soulevé que l'expérience de ce secteur trouve son sens en rapport à l'ensemble du parc en fonction de références physiques (strate végétale, éléments esthétiques tels que les bassins et la fontaine), des pratiques variées (solitaire ou en groupe, stationnaire ou dynamique) qu'il engage, des manifestations naturelles (appréciation saisonnière et météorologique) et de son environnement sensoriel (aspect visuel, auditif et tactile) et social (fréquence et type d'usagers dans l'espace, observation d'autrui). Il est aussi apparu que l'expérience du secteur étudié semble être liée à une certaine idée de nature (référence à des paysages naturels caractéristiques du Québec, et à des aspects rappelant l'idée de nature véhiculée par le romantisme).

Au niveau de la qualification du paysage du parc La Fontaine, nous observons que notre analyse expérientielle a permis de préciser et nuancer certains caractères soulevés par l'étude physico-spatiale. Ainsi, tel que le souligne Dakin (2003), la qualité de l'analyse expérientielle est d'amener un éclairage sur la compréhension d'un paysage étudié en s'inscrivant en complémentarité à l'analyse objective menée par le chercheur. Nos résultats d'analyse contribuent à la connaissance relative à l'aménagement des parcs en ville en fonction des dimensions qui donnent un sens au parc selon le vécu quotidien. En ouvrant notre recherche vers une compréhension plus générale sur le sens du parc en ville, il serait intéressant de mener, selon notre modèle d'analyse, des études comparatives d'autres parcs de la ville. Cette perspective permettrait de raffiner les dimensions qui interviennent dans l'expérience du lieu et de développer plus en profondeur nos observations, ainsi d'acquérir une meilleure connaissance sur l'aménagement de parcs urbains.

Cette étude a ainsi permis de relever plusieurs aspects sur la signification du parc par rapport au cadre de vie urbain. Lors de notre introduction, nous avons souligné que le caractère immuable du parc urbain, malgré les différentes époques et manières de le penser, était de constituer un élément de qualité de vie dans la ville en offrant des espaces de végétations, et de loisirs. Selon cette perspective, l'analyse expérientielle représente un outil pertinent dans la compréhension et la manière d'aménager les parcs en fonction des attentes du public.

5.1   Perspectives amenées par la recherche

Le parc La Fontaine laisse place à une variété d'activités par son organisation spatiale. Nous pouvons voir que notre analyse de l'expérience paysagère subjective amène un éclairage sur la manière dont les usagers l'investissent. En effet, cette recherche permet de nuancer les types d'appropriations dans le secteur étudié selon leur appréciation et dépréciation de ce dernier. Comme le montre le chapitre précédent, nous observons que l'expérience de ce secteur du parc repose sur l'aménagement, l'environnement naturel et l'environnement social.

Les données permettent tout d'abord de noter une adéquation entre l'aménagement paysagé tel qu'il a été défini historiquement à partir de 1950 et l'appropriation que les usagers font dans ce secteur. Nous voyons que cette appropriation de l'espace étudié se définit par une pratique contemplative privilégiant une posture plutôt solitaire, intimiste, d'introspection et de relaxation. En ce sens, le boisé, la situation en escarpement (offrant une vue en panorama du site), les larges aires engazonnées ainsi que les éléments esthétiques tels que les bassins et la fontaine favorisent la contemplation de l'espace.

L'expérience contemplative est aussi marquée par la relation sensorielle des individus à l'espace étudié. Nous avons observé que l'appréciation du site et l'expérience sensorielle s'inscrivent d'emblée dans un rapport visuel. Bien que le visuel demeure le sens le plus sollicité, il est intéressant de noter que les autres sens jouent également un rôle dans l'expérience contemplative. En particulier selon plusieurs usagers le bruit de la fontaine contribue à étouffer les sons de la ville et aide à la relaxation. Les usagers évoquent de manière plus secondaire leur expérience avec le paysage tactile. Ils soulignent que ce dernier leur permet un contact direct avec l'environnement naturel.

Notre étude permet de voir que l'expérience des usagers n'est pas liée au seul espace qu'ils utilisent. Chez ces usagers, l'expérience se construit sur une reconnaissance de l'ensemble du parc avec des références physiques, sensibles, sensorielles, symboliques, à son environnement naturel, social et en lien aux pratiques variées qu'il engage. Le sens du paysage du parc La Fontaine se définit donc au travers de ces éléments.

Aux vues de l'ensemble des données et du sens de ce paysage pour ses usagers, l'un des points les plus importants qui ressortent de cette étude est la manière dont les usagers pratiquent le lieu étudié pour son aspect de « nature » au travers du boisé, de la faune et des éléments tels que la fontaine et les bassins. En effet, dans cet espace la « *nature* » apparaît comme un des éléments les plus marquants. Cette recherche demeure une étude exploratoire. Dans ce sens, il faudrait vérifier si l'idée de nature soulevée par les usagers est partagée par un plus grand nombre d'usagers. La présence de l'idée de nature dans l'expérience amène une discussion sur la reconnaissance de la nature dans le parc urbain. Bien que nous n'ayons pas directement abordé ce thème dans notre revue de littérature et lors des entretiens, nos données peuvent orienter des recherches à venir. Nous allons donc exposer les pistes d'analyses que nous pouvons dégager de notre étude.

Les données recueillies dans le secteur étudié montrent que les usagers comparent les éléments de nature du parc comme les bassins et le boisé à ceux que l'on retrouve de façon naturelle sur le territoire québécois comme les lacs et les forêts. Cette perspective introduit une discussion sur la relation de l'idée de nature par rapport au contexte territorial dans lequel elle est interprétée.

Nous avons à plusieurs reprises soulevé l'influence du mouvement romantique dans l'aménagement du parc au XIXe siècle. Le parc La Fontaine qui appartient à cette catégorie est organisé en cherchant à véhiculer le sentiment de nature selon une perspective pittoresque. Cette relation entre nature et culture semble présente dans l'interprétation des usagers sur la signification attribuée au secteur étudié. L'expérience sensible des usagers rappelle cette manière d'envisager l'idée de nature au travers d'une sensibilité esthétique des composantes naturelles et de la reconnaissance de la beauté du boisé.

Comme Roger (1995) et Cauquelin (2005) le mettent en évidence, parler de la nature relativement au paysage revient à dire que l'idée de nature se comprendrait comme une « figure » du paysage, construite sur une organisation signifiante et des modèles de représentation. En réintroduisant ce propos à la reconnaissance de la nature dans le secteur étudié du parc, ce paysage semble se construire dans des références liées à l'esthétique romantique de la nature, au contexte territorial et à la représentation culturelle dans l'appréhension de l'idée de nature, aux manifestations naturelles et à l'environnement social faisant de cet espace une nature humanisée. Ces observations constituent donc des pistes possibles d'investigation dans la poursuite de la recherche sur le sens du parc et l'interprétation faite par ses usagers.

Bien que les gens viennent contempler cette nature aménagée, il y a une dimension sociale très importante, qui n'a pas été relevée dans la revue de littérature. L'étude montre qu'une des composantes du sens de l'expérience du parc pour ses usagers se construit en relation à l'environnement social. Ainsi, par les dimensions sollicitées, les usagers ont montré un important attachement à la contemplation d'autrui, tout en cherchant à conserver une certaine distance. Il apparaît que le secteur étudié est un espace où s'organise une codification sociale implicite et en rupture à celle rencontrée dans le reste de l'espace urbain. La limite des dimensions retenues pour l'analyse, le nombre d'usagers et le périmètre d'étude ne nous a pas permis l'approfondissement de ce propos.

5.2   Conclusion

Nous allons présenter nos résultats aux vues des études menées en paysage. Notre analyse éclaire sur la manière dont les usagers s'approprient l'espace lors de leur expérience quotidienne d'un secteur du parc. Nous voyons que par rapport aux études physico-spatiales faites dans cet espace, l'étude de l'expérience renseigne sur les attributs définissant la forme intangible de ce paysage.

Dakin (2003), souligne que le regard porté sur l'étude de l'expérience ouvre la compréhension du paysage en tant qu'espace vécu. Au niveau de l'étude paysagère, l'intérêt de considérer l'expérience subjective individuelle est d'accéder à l'intangibilité du paysage.

> *People are not mere viewers of landscape: they participate in a way that influences their understanding. Experiential studies often focus on broad, intangible aspects of human-environment interaction in addition to aesthetics, which itself is broadly interpreted* (Dakin, 2003 : 190).

Notre étude expérientielle participe à rendre compte des besoins individuels de la sensibilité sensorielle, esthétique et symbolique de cet aménagement. L'approche d'analyse s'étant trouvée délimitée spatialement, temporellement et par l'échantillonnage d'usagers, il serait intéressant de poursuivre cette étude dans une analyse expérientielle de toutes les aires d'activités et selon différentes saisons. Une telle étude à l'échelle du parc permettrait d'observer la diversité des pratiques et de l'investissement. Cette perspective apporterait une précision sur le sens du parc La Fontaine selon le caractère de son appropriation dans le cadre de vie urbain. Nous voyons encore que les usagers, lors de leur expérience du parc, confèrent une grande importance aux paysages visuel, sonore et tactile. Or le paysage olfactif n'a pas été évoqué. Cependant en nous référant aux travaux menés à ce sujet, nous voyons que ce dernier occupe une place importante dans l'espace urbain (Classen, 2005; Terranova, 2007). À cet égard, il semble nécessaire d'approfondir cette dimension olfactive qui joue un rôle conséquent dans l'expérience de la ville.

Par ailleurs, l'analyse a été restreinte à un certain nombre de dimensions, notamment par rapport aux échelles d'observations. Low et al. (2005) soulèvent l'importance de considérer l'analyse par rapport aux échelles globale, régionale et locale. Notre étude n'ayant abordé que la question de la relation de l'expérience du parc au niveau local. La présence de l'idée de nature dans l'interprétation de l'aménagement du parc témoigne de la nécessité de développer l'analyse vers les enjeux régionaux, territoriaux et globaux. Comme nous l'avons évoqué dans la première partie de ce chapitre, la compréhension de l'idée de nature demande un regard sur le contexte culturel, social et territorial (Mercier et *al.*, 1998).

Tel que proposé dans le cadre conceptuel (Tableau 1) notre étude suggère un modèle opératoire d'analyse de l'expérience d'un paysage (Figure 45). Notre revue de littérature a permis de générer une structure d'étude sur la compréhension du sens d'un paysage en fonction de trois grandes catégories de données : ses **usages**, sa **sensorialité** et sa **représentation**. Ces dimensions donnent accès à une lecture sur l'intangibilité du paysage. Ici, elles se rapportent au parc, le modèle pourrait toutefois être appliqué à d'autres types d'espaces.

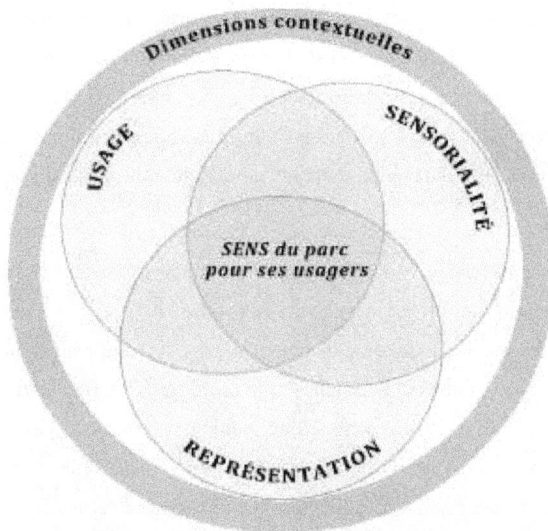

Figure 44 : Modèle conceptuel de l'analyse expérientielle du parc La Fontaine, Frinchaboy Marie, 2010.

Rappelons que l'objectif de notre recherche était de positionner notre problématique dans les réflexions actuelles sur la question de la qualité de vie en milieu urbain. Nous évoquions en introduction que la Ville de Montréal mettait un accent particulier sur des politiques de protection des milieux naturels dont les parcs urbains font partie. L'analyse expérientielle du parc La Fontaine souligne le besoin des usagers de pratiquer ce type d'espace et ainsi elle permet d'appuyer la nécessité pour la Ville de poursuivre la valorisation de ces espaces.

À l'échelle de la discipline de l'architecture du paysage, nos observations permettent d'améliorer la connaissance sur les enjeux et les dimensions participant à la compréhension de l'intangibilité du paysage saisi par le vécu. De manière plus générale, les informations recueillies peuvent contribuer à la connaissance des critères nécessaires à considérer dans l'aménagement de parcs urbains. Ces Critères s'illustrent dans une qualification spatiale par le son et les surfaces tactiles au niveau de la dimension sensorielle; une interprétation du parc par rapport à une certaine idée de nature pour ce qui est de la relation symbolique; et enfin une codification sociale de l'espace. L'étude soulève aussi la proximité et le caractère du parc dans son contexte urbain, dans son accessibilité, dans la vocation de son aménagement par rapport au type d'usagers, dans les enjeux de son paysage polysensoriel, symbolique et social.

Cette première lecture a pu souligner l'importance du sens attribué au paysage dans la manière de s'approprier le secteur étudié du parc La Fontaine. Les dimensions soulevées par les usagers participent ainsi à la compréhension de cet aménagement en tant qu'élément contribuant à la qualité du cadre de vie en ville pour ses usagers. Ainsi, la poursuite de cette étude pourrait conduire à une précision du modèle d'analyse que nous avons proposé, tout en éclairant davantage les dimensions articulant l'expérience des usagers du parc. Dans cette perspective, cette recherche apporterait à une connaissance supplémentaire sur la façon d'aménager des parcs urbains en fonction de leur contexte spatial et social.

BIBLIOGRAPHIE

ACKERMAN, D. 1981. *A Natural History of the Senses*. New York : Vintage Books.

AMBACHER, M. 1974. *Les philosophies de la nature*. Paris : P.U.F.

ARMENGAUD, F. « Nature et Culture ». Paris : Encyclopædia Universalis [en ligne]. Disponible sur http://www.universalis.fr/encyclopedie/culture-nature-et-culture/, (site consulté le 01. 2007).

AUGOYARD, J.F. 2003. *L'expérience esthétique ordinaire de l'architecture*. Grenoble (France) : Ministère de la recherche – Action Ville.

BARIDON, M. 1999. *Les jardins, jardiniers, poètes*. Paris : Laffont.

BÉGOUT, B. 2005. *La découverte du quotidien*. Paris : Allia.

BÉNARD, J. et *al*. 2002. *Portrait des pratiques communautaires et locales en revitalisation urbaine et sociale sur le territoire de l'île de Montréal*. Montréal : Institut National de la Recherche Scientifique (I.N.R.S.) – Urbanisation – Culture et Société.

BERQUE, A. 2000. *Médiance de milieux en paysages*. Montpellier (France) : Géographique Reclus.

BERQUE, A. et *al*. 1994. *Cinq propositions pour une théorie du paysage*. Paris : Champ Vallon.

BIBLIOTHÈQUE ET ARCHIVES NATIONALES DU QUÉBEC (BANQ), *Le parc La Fontaine*. Québec : Héritage Montréal [en ligne]. Disponible sur http://www.banq.qc.ca, (site consulté le 08. 2008).

BISSON, D. 2002. « The anthropological dimension of design ». In Designing Designers, *3rd International Convention of University Courses in Industrial Design*. Milan : Collina, L. & G. Simonelli Eds, Edizioni Poli. : 161-176.

BISSON, D. et C. GAGNON 2004. « L'instrumentation spécifique à la recherche en design : explorer l'expérience de l'environnement matériel ». Dans Recherches qualitatives – Hors Série : 38-60.

BISSON, D. 2008. « Taste and the polysensory experience of the material environment in the children's hospital room ». In *Domestic Foodscapes : Towards mindful eating?* Concordia (Montreal) : Symposium Proceedings, [en ligne]. Disponible sur http://www.domesticfoodscapes.org/, (site consulté 06. 2008).

BOURDIEU, P. 1979. *La distinction, critique sociale du jugement*. Paris : Les Éditions de Minuit.

BROUDEHOUX, A.M. (dir.) 2006. *Paysages construits : mémoire, identité, idéologies*. Montréal : MultiMondes, Université de Québec à Montréal (UQAM) – Institut du patrimoine.

BRETON, le D. 2006. *La saveur du monde : une anthropologie des sens*. Paris : Métailié.

CARLSON, A. 1979. « Appreciation and the natural environment. ». The Journal of Aesthetics and art criticism n⁰ 37 : 267-275.

CARLSON, A. 1993. *Appreciating Art and Appreciating Nature. Lanscape, Natural Beauty and the Arts*. Cambridge Studies in Philosophy and the Art : Salim Kemal & Ivan Gaskell Ed.

CHADWICK, G.F. 1966. *The Park and the Town: Public Landscape in the 19th and 20th Centuries*. London : Architectural Press.

CHOAY, F. 2006. *Pour une anthropologie de l'espace*. Paris : Seuil.

CLASSEN, C. 1993. *Worlds of Sense : Exploring the Senses in History and Across Cultures*. London : Routledge.

CLASSEN, C. 1997 « Foundations for an anthropology of the senses : anthropology – problematics and viewpoints ». Dans *Oversteping the old frontiers*, Revue internationale des sciences sociales 153: 333, 437-449.

COHEN, C. 2005. « La nature en ville: nouveaux besoins et conflits d'usage » : Conférence (Auxalia), Paris : Maison de l'architecture (14. 06. 2005).

CONAN, M. 1997. *Dictionnaire historique de l'art des jardins*. Paris : Hazan.

CONAN, M. 1993. « La nature, la religion et l'identité américaine ». Dans *Les sentiments de la nature*. Paris : Éd. BOURG, D., coll. La Découverte : 175-195.

CONSEIL RÉGIONAL DE L'ENVIRONNEMENT DE MONTRÉAL, 2007. *Bulletin envîle express*, Vol. 6, n⁰21 [en ligne]. Disponible sur http://www.cremtl.qc.ca, (site consulté le 03. 2009).

CORNIVEAU, H. 1998. *Parc univers*. Montréal : XYZ.

DAKIN, S. 2003. « There's more to landscape than meets the eye: towards inclusive landscape assessment in resource and environmental management ». The Canadian Geographer, Vol. 47 : 185-200.

DEBARBIEUX, B. 2005. « Du paysage magnifié à l'empaysagement » : Conférence (XIVème colloque ASRDLF), Genève (Suisse) : *Les rencontres internationales du paysage*, 2004.

DE CERTEAU M. 2002. *L'invention du quotidien.* Paris : Gallimard.

DENZIN, N.K. et Y.S. LINCOLN. 1994. *Handbook of Qualitative Research.* Thousand Oaks (California) : Sage Publications.

DENZIN, N.K. et Y.S. LINCOLN. 1998. *Strategies of Qualitative Inquiry.* Thousand Oaks (California) : Sage Publications.

DESCHAMPS, C. 1993. *L'approche phénoménologique en recherche.* Montréal : Guérin.

DESCOLA, P. 2005. *Par-delà nature et culture.* Paris : Bibliothèque des Sciences Humaines.

DEWEY, J. 1934 [2005]. *Art as Experience.* New York : The Berkeley Publishing Group.

DIRECTION DE L'AMÉNAGEMENT URBAIN. 2008. *Mémoire de l'arrondissement du Plateau-Mont-Royal.* Ville de Montréal : Services aux entreprises et des affaires publiques.

DIRECTION DE L'ENVIRONNEMENT ET DU DÉVELOPPEMENT DURABLE, 2009. *Bilan environnemental : la qualité de l'eau à Montréal* [en ligne]. Disponible sur http://ville.montreal.qc.ca, (site consulté le 07. 2009).

DIXON HUNT, J. 1996. *L'art du jardin et son histoire.* Paris : Éd. Odile Jacob.

DUBOIS, M. et PATRI-ARCH. 2005. *Étude typomorphologique de l'arrondissement du Sud-ouest.* Ville de Montréal : Direction de l'aménagement urbain et des services aux entreprises – Division urbanisme.

DUFRENNE, M. 1953. *Phénoménologie de l'expérience esthétique.* Paris : Presses Universitaires de France.

ÉLIE, M. « Philosophies de la Nature ». Paris : Encyclopædia Universalis [en ligne]. Disponible sur http://www.universalis.fr/encyclopedie/philosophies-de-la-nature/, (site consulté le 01. 2007).

EPSTEIN, J. 1981. « Les paysages : sans nom ». Les annales de la recherche urbaine – Recherches et débats nº10/11 : 54-81.

ESFELD, M. 1997-1998. « Outils analytiques pour une conception générale du holisme ». Université de Caen : Cahiers de Philosophie : 31-33.

FENWICK, J.N. et J. Paré, 1969. *Les parcs et espaces verts dans la région de Montréal : bilan et perspectives*. Montreal Parks and Playground Association.

FOSTER, J. 2000 [2003]. *The Nature of Perception*. Oxford : OUP Ed.

FORTIN, M.J. 2007. *Le paysage, cadre d'évaluation pour une société réflective*. Canada : Université de Montréal à Chicoutimi, Groupe de recherche et d'interventions régionales.

GAGNON, C. 2006. *Appréciation esthétique des équipements de transport d'énergie (réseaux de pylônes)*. Thèse de doctorat en aménagement : Faculté de l'Aménagement, Université de Montréal.

GERMAIN, A. 2004. *Les rapports enfant-nature dans les lieux collectifs de voisinage à Montréal*. Maîtrise en Science Appliquées (M.Sc.A) en aménagement : Faculté de l'Aménagement, Université de Montréal.

GERVAIS, B. 2008. *Olso*. Montréal : XYZ.

GEURTS, K.L. 2002. *Culture and the Senses: Bodily Ways of Knowing in an African Community*. University of California Press.

GODDARD, JC. 2002. *La nature, approches philosophiques*, Paris : VRIN.

GROUT, C. 2004. *L'émotion du paysage*. Bruxelles : Coll. Essais.

GRUET, S. 2006. *L'œuvre et le temps; Nature, Art et Technique*. Toulouse (France) : Poïsis.

GUSTAPSON, P. 2001. « Meanings of place : everyday experience and theorical conceptualizations ». Journal of Environmental Psychology nº 21 : 5-16.

HADOT, P. 2004. *Le voile d'Isis, essai sur l'histoire de l'idée de nature*. Paris : Gallimard.

HALL, É. 1966. *La dimension cachée*, Paris : Seuil.

HARICAULT, M. 2000. *L'expérience sociale du quotidien*. Ottawa : Les presses de l'Université d'Ottawa.

HOWES, D. 1991. *Anthropology of the Sense*. University of Toronto Press.

106

HOWES, D. 2005. *Empire of Senses : the Sensual Culture Reader*. Oxford & New York : Berg Publishers.

HOWES, D. 2006. « Sensual relations : engaging the senses in culture and social theory ». University of Michigan Press : Ann Arbor (dir.) : 177-178.

HUCY, W. 2004. « La nature dans la ville et les modes d'habiter dans l'espace urbain ». Dans Strates [en ligne]. Disponible sur http://strates.revues.org/444, (site consulté le 03. 2007).

JONAS, H. 2000. *Une éthique pour la nature*. Paris : Desclée de Brouwer.

JULIER, G. 2003. *Culture of Design*. London : Sage Publications.

LAGAN, T. 1984. « Phenomenology and appropriation ». Phenomenology + Pedagogy Vol. 2 : 101-111.

LAPLANTE, de J. 1990. *Les parcs de Montréal : des origines à nos jours*. Montréal : Méridien.

LAVALLÉE, A. 1992. *Cadre de références pour le développement et la mise en valeur des espaces libres de Montréal*. Ville de Montréal : Service de l'habitation et du développement urbain, Module de la planification urbaine, Division des espaces libres et du réseau vert.

LEEUWEN-MAILLET, A.M. 1998. « La nature dans la ville de Rome, entre perception et usage ». Paris : Les annales de la recherche urbaine nº 74 : 59-68.

LENOBLE, R. 1969. *Histoire de l'idée de nature*. Paris : L'évolution de l'humanité.

LÉVÊQUE L. et *al.* 2005. *Paysages de Mémoire*. Paris : L'Harmattan.

LÉVY-STRAUSS, C. 1958. *Anthropologie structurale*. Paris : Plon.

LÉVY-STRAUSS, C. 1962. *La pensée sauvage*. Paris : Plon.

LES AMIS DU PARC LA FONTAINE, *Le Plateau,* [en ligne]. Disponible sur http://www.leplateau.com, (site consulté le 09. 2008).

LES FONTAINAUTES, *Blog,* [en ligne]. Disponible sur http://www.lesfontainautes.org, (site consulté le 10. 2008).

LIGHT, A. 2005. *The Aesthetics of Everyday Life*. Columbia University Press.

LOW, S. et *al.* 2005. *Rethinking Urban Parks : Public Space & Cultural Diversity.* University of Texas Press.

MALTZAHN, K.E.V. 1996. « Nature as landscape – Dwelling and understanding ». The Canadian Geographer, Vol. 40 : 88-96.

MASBOUNGI, A. et *al.* 2002. *Penser la ville par le paysage.* Paris : Éd. De la Villette Projet Urbain.

MATHIEU, N. 1992. « Repenser la nature dans la ville : un enjeu pour la géographie ». Paris : Le courrier du CNRS nº 82 : 105-107.

MAUMI, C. 2008. *Usonia, ou, le mythe de la ville-nature américaine.* Paris : Éd. De la Villette.

MCLUHAN, M. 1965. *Understanding Media : the Extensions of Man.* Toronto : McGraw-Hill Ed.

MERCIER, G. et *al.* 1998. *La ville en quête de nature.* Paris : Septentrion.

METZGER, P. 1994. « Contribution à une problématique de l'environnement urbain ». Cahiers des Sciences Humaines nº 30 : 595-619.

MEYOR, C. 2005. « La phénoménologie dans la méthode scientifique et le problème de la subjectivité ». Recherches qualitatives nº 25 : 25-42.

MINISTÈRE DE L'ÉCOLOGIE ET DU DÉVELOPPEMENT DURABLE, 2007. *Convention européenne du paysage.* France : Journal officiel, (2006. 12. 22).

MORIN, É. 1979. *Un paradigme perdu : La nature humaine.* Paris : Points.

MOSCOVICI, S. 1977. *La société contre nature.* Paris : Seuil.

NIP PAYSAGE, Mignault, M. Villemure, E.B. Labelle J. et G.É. Parent, 2007-2008. *Analyse et évolution historique du réseau de circulation du parc La Fontaine; Caractérisation paysagère d'un important parc urbain de la Ville de Montréal.* Ville de Montréal.

NORBERG-SCHULZ, C. 1981. *Genius Loci; paysage, ambiance, architecture.* Liège (Belgique) : Mardaga.

OCKMAN, J. 2000. *The Pragmatist Imagination; Thinking about "Things in the Making".* Princeton Architectural Press.

PAQUETTE, S. POULLAOUEC-GONIDEC P. et G. DOMON, 2008. *Guide de gestion des paysages au Québec, lire, comprendre et valoriser le paysage.* Québec : Chaire en paysage et environnement de l'Université de Montréal et al..

PARENTEAU-LEBEUF, D. 2005. *Parc La Fontaine.* Montréal : Lansman-Jeunesse.

PATERSON, D.D. 1995. « Landscape architectural research in Canada : developing a certain future in uncertain times ». Landscape Review.

PAULHIAC, F. et H. LAPERRIÈRE, 2000. *La relation nature-culture dans l'appropriation du territoire. Places, parcs et jardins au Canada: construction d'un site.* Montréal : Centre d'Études Canadiennes (C.E.C.).

PELT, J.M. 1977. *L'Homme Re-Naturé.* Paris : Seuil.

PEYRE, É. 1994. *La dimension économique de l'espace public; étude du programme des rues principales et de son application à Longueil.* Maîtrise en Science Appliquées (M.Sc.A) en aménagement : Faculté de l'aménagement, Université de Montréal.

PIRES, A.P. 1997. « Échantillonnage et recherche qualitative: essai théorique et méthodologique ». Dans Poupart, Deslauriers, Groulx Laperrière, Mayer, Pires. *La recherche qualitative : enjeux épistémologiques et méthodologiques.* Bourcheville (Québec) : Éd. Gaétan Morin : 113-167.

POULLAOUEC- GONIDEC, P. et al. 2003. *Les temps du paysage.* Montréal : Les Presses de l'Université de Montréal.

POULLAOUEC-GONIDEC, P. et al. 2005 *Paysages en perspective.* Montréal : Les Presses de l'Université de Montréal.

POULLAOUEC-GONIDEC, P. et F. TREMBLAY, 2002. « Contre le tout paysage : pour des émergences et ... des oublis ». Cahiers de géographie du Québec nº 46 : 345-355.

POULLAOUEC-GONIDEC, P. M. GARIÉPY et B. LASSUS 1999. *Le paysage; territoire d'intentions.* Paris : L'Harmattan.

POULLAOUEC-GONIDEC, P. 1997, « Le projet de paysage au Québec ». Montréal : Trames nº 9 : 16-19.

PROMINSKI, M. 2007. « Designing landscapes as evolutionary systems ». The Design Journal nº 8 : 25-34.

PROULX, M. 1996. *Les aurores montréalaises.* Montréal : Boréal.

RAFFIN, J.P. « Environnement ». Paris : Encyclopædia Universalis [en ligne]. Disponible sur http://www.universalis.fr/encyclopedie/environnement/, (site consulté le 01. 2007).

RAGON, M. 1991. *Histoire mondiale de l'architecture et de l'urbanisme modernes*. Paris : Seuil.

RITTEL, H. 1969. *Reflections on the Scientific and Political Significance of Decision Theory*. Berkeley (California) : University of California – Institute of Urban and Regional Development.

ROGER, A. (dir.) 1995. *La théorie du paysage en France*. Seyssel (France) : Champ Vallon.

ROUSSEL, L. et C. MOUGENOT. 2002. « Réseau écologique et collectivités locales; instruments sociologiques ». Sauvegarde de la nature nº 126 : 110-111.

ROUSSEL, I. 2000. « La ville entre nature et artifice : perspectives de l'environnement urbain ». Paris : Bulletin de l'association des géographes français : 123-188.

SAITO, Y. 2007. *Everyday Aesthetics*, Oxford University Press.

SAMSON, M. 1981. *De l'utilité des parcs urbains dans la ville centrale : le cas de Montréal*. Montréal : Institut National de la Recherche Scientifique (I.N.R.S.) – Urbanisation.

SANSOT, P. 1993. *Jardins publics*. Paris : Payot.

SCHÄFFER, J.M. 1994. *La conduite et le jugement esthétique*. Villeurbanne (France) : Les cahiers - Philosophie de l'Art.

SCHWARTZ, R. 2006. *Tales from Park La Fontaine*. Toronto : Annick Press.

SCHÖN, D.A. and M. REIN, 1994. *Frame Reflection: Toward the Resolution of Intractable Policy Controversies*. New York : Basic Books.

SCHUYLER, D. 1986. *The New Urban Landscape: the Redefinition of City Form in Nineteenth-century America*. Baltimore : Johns Hopkins University Press.

SEAMON, D. 2004. « Phenomenologies of environment and place ». Phenomenology + Pedagogy nº 2 : 130-135.

SOUCY, Y. 1983. *Le parc La Fontaine*, Montréal : Expression libre.

STOSS, 2007. *StossLu. C3 Publishing Co.* Korea.

STRAUSS, A.L. et J.M CORBIN, 1998. *Basics of Qualitative Research : Techniques and Procedures for Developing Grounded Theory*. Thousand Oaks (California) : Sage Publications.

TERRANOVA, C.N. 2007. « Smell and the city: miasma as code of crisis in postwar french cinema ». Senses & Society, Vol. 2, Issue 2 : 137-154.

THIBAUD J.P. et M. GROSJEAN 1978. *L'espace urbain en méthode*. Paris : Coll. Eupalinos.

TREMBLAY, M. 1986. *La grosse femme d'à côté est enceinte*. Montréal : Lemiac.

VERGRIETE Y., LABRECQUE M., INSTITUT DE RECHERCHE EN BIOLOGIE VÉGÉTALE (I.R.B.V.) et *al.* 2007. *Rôles des arbres et des plantes grimpantes en milieu urbain : revue de littérature et tentative d'extrapolation au contexte montréalais*. Montréal : Conseil Régional de l'Environnement (C.R.E.) de Montréal.

VIARD, J. 1990. *Le tiers espace : essai sur la nature*. Paris : Méridiens Klincksieck.

VILLE DE MONTRÉAL, *La nature en ville*, [en ligne]. Disponible sur http://ville.montreal.qc.ca (consulté le 09. 2008).

VILLE DE MONTRÉAL, « Abattages d'arbres au parc La Fontaine ». Dans CNW Telbec, [en ligne]. Disponible sur http://www.cnw.ca, (site consulté le 03. 2010).

VILLE DE MONTRÉAL, *Mémoire de l'arrondissement du Plateau-Mont-Royal*, [en ligne], Montréal : 2008. Disponible sur http://ville.montreal.qc.ca, (site consulté le 03. 2009).

VILLE DE MONTRÉAL, « Histoire de l'arrondissement », [en ligne]. Disponible sur http://ville.montreal.qc.ca, (consulté le 03. 2009).

VILLE DE MONTRÉAL, 1995. *Répertoire historique*. Montréal : Méridien.

WELSH, W. 1997. *Undoing Aesthetics*. London : Sage Publications.

WINES, J. 2002. *L'architecture Verte*. Paris : Taschen.

YOUNÈS, C. 2008. « La Ville-Nature », [en ligne]. Disponible sur http://revues.mshparisnord.org/appareil/index.php?id=455, (site consulté le 03. 2008)

ZARDINI, M. et *al.* 2005. *Sensations urbaines : une approche différente à l'urbanisme*. Baden (Suisse) : Lars Müller Publishers.

ZASK, J. 2003. « Nature donc culture : remarques sur les liens de parenté entre l'anthropologie culturelle et la philosophie de John Dewey ». Revue Genèses nº 50 : 111-125.

CONFÉRENCES

DECHELOT, H. 2008. *Théorie des essences chez Husserl* : Conférence. Montréal : Université de Québec à Montréal (UQAM), (07. 03. 2008).

PERRAULT, R. 2007. *Le devenir du Mont-Royal* : Conférence (URBA 2015). Montréal : Université de Québec à Montréal (UQAM), (20. 11. 2007).

PROULX, D. 2008. *Les ingrédients de l'art urbain pour embellir la ville* : Conférence (URBA 2015). Montréal : Université de Québec à Montréal (UQAM), (22. 01. 2008).

DOCUMENTAIRES

BOURDON, L. 2008. *La mémoire des anges*. Canada : 80 min.

LAGANIÈRE, C. 2006. *Le parc La Fontaine, petite musique urbaine*. Canada : 52 min.

PETEL, P. 1947. *Au parc La Fontaine*. Canada : Office National du Film (O.N.F.), 6 min 47s.

6 ANNEXES

Annexe 1 : grille d'analyse

Questions usager	Relance	Thème	Hypothèses — mémo
1-La fréquentation du parc La Fontaine est-elle régulière?	Ou plutôt occasionnelle?	Fréquentation du parc dans la quotidienneté individuelle.	Comprendre la place du parc dans l'expérience quotidienne.
2 - Quand se fait cette fréquentation?	Y a-t-il des moments plus propices que d'autres? (Si, oui pourquoi?)	Caractéristiques dans la pratique du parc.	L'expérience du parc par au moment de la journée accordée à cette pratique.
3 - Combien de temps dure la fréquentation de ce lieu?	Pourquoi?	Relation entre pratiques et le temps passé au parc.	Le temps dans l'expérience est-il lié aux pratiques faites dans le parc?
4 - Y a-t-il un moment de la journée plus propice?	Comment caractérisez-vous vos activités selon les différentes périodes de l'année?	L'expérience du parc dans ces caractéristiques?	Y a-t-il une relation entre temps et expérience de l'espace?
5 - Votre fréquentation est-elle la même selon les saisons?		L'expérience se définit-elle toujours de la même manière durant l'année?	Y a-t-il une relation entre l'expérience du parc et les saisons?
6 - Quelle est la saison que vous préférez pour venir au parc?	Pourquoi? (En raison des activités, de la saison elle-même?)	Relation entre le parc et les manifestations naturelles telles que les saisons.	
7 - Le parc La Fontaine est-il le seul parc montréalais que vous fréquentez?	Par rapport à d'autres parcs, qu'est-ce que vous aimez dans le parc La Fontaine?	Fréquentation du parc La Fontaine par rapport au vécu personnel.	Comprendre la place et les particularités de ce parc dans le cadre de vie individuel.
8 - Accédez-vous à d'autres types d'espaces verts que ce parc (jardins privés, campagnes) ?	Quelle place occupe la fréquentation de ce parc dans votre quotidien?	Caractériser les éléments qui possiblement amènent les usagers à considérer le parc comme un espace de nature aménagée.	Comprendre ce qui permet de définir le parc comme une nature aménagée.
9 - Cela fait-il longtemps que vous fréquentez ce parc?	Pourquoi venir dans ce parc quotidiennement?	L'expérience dans la pratique quotidienne.	Relation a l'espace dans le quotidien urbain.
10 - Par rapport au quotidien dans la ville, quelle place occupe la fréquentation du parc?	Que vous apporte la présence végétale?	Le parc un espace offrant un accès à la végétation.	Rapport entre le parc et la ville.
11 - Personnellement que vous apporte la fréquentation de ce parc?	Avez-vous des humeurs particulières quand vous vous rendez au parc?	Rapport personnel des usagers dans l'espace?	Le parc joue-t-il un rôle dans le quotidien de ses usagers?
12 - Par rapport à la ville comment vous situez l'expérience du parc?	Pourquoi?	Place du parc dans le quotidien urbain.	
13 - Que faites-vous quand vous venez au parc?	Fréquentez-vous à pied, à vélo, pour promener le chien? Si oui lesquelles et cela varie-t-il en fonction des saisons?	Activités et pratiques dans le parc La Fontaine.	Analyser les usages que l'on rencontre au parc.

14 - Pratiquez-vous différentes activités au parc La Fontaine?	Venez-vous seul, accompagné? Cela dépend-il? Si oui, de quoi?	Le parc est-il un espace davantage pratiqué en solitaire ou en groupe?	Type d'expérience du parc.
15 - Comment se déroule votre présence dans le parc?	Pourquoi? Et qu'est-ce que vous aimez faire dans ce lieu? Qu'est-ce que vous privilégiez dans cet espace?	Pratiques et usages.	
16 - Où préférez-vous vous installer dans le parc?	Quel type d'activités avez-vous à cet endroit? (Pourquoi) cela est-il lié à l'environnement naturel?		
17 - Quelle est l'activité qui vous procure le plus de plaisir?			Particularités de l'expérience du parc.
18 - Quel est l'endroit que vous préférez dans le parc?	Pourquoi?	Appréciation de l'aménagement.	
19 - L'aménagement du parc facilite-t-il vos activités personnelles?	Vos activités sont-elles en adéquation avec l'aménagement du parc?	Compréhension des besoins vis-à-vis de l'espace.	
20 - Avez-vous un lieu de prédilection dans le parc?			Particularité de l'expérience.
21 - Comment vous déplacez-vous dans le parc? (Utilisation des sentiers?)	À pied, en vélo, ça dépend? (Raisons)		
22 - Accédez-vous toujours par le même endroit dans le parc?		Habitude spatiale	Rapport au quotidien urbain.
23 - Trouvez-vous le parc facilement accessible?		Rapport à l'espace urbain.	
24 - Quels sont les éléments qui vous attirent au parc La Fontaine?	Les espaces de végétation? L'aménagement du parc? Sa superficie par exemple?	Vécu individuel par rapport à l'aménagement du parc.	Les éléments marquant l'expérience du parc comme nature.
25 - Y a-t-il quelque chose qui vous déplaît?	Détailler les raisons.		
26 - Quels sont les éléments qui vous marquent dans le parc?	Portez-vous attention aux bruits, odeurs, etc. ?	Perception individuelle du parc.	Comprendre la symbolique et l'expérience physique du parc.
27 - Y a-t-il quelque chose qui vous manque dans le parc?	Des éléments désagréables (si, oui pourquoi?)	Appréciation et dépréciation du parc.	Caractéristique du paysage du parc La Fontaine.
28 - Qu'aimeriez-vous rajouter si vous pouviez dans ce parc?		Attente des usagers.	Adéquation de l'aménagement selon les besoins des usagers?
29 - Prêtez-vous attention à l'histoire du parc par rapport à son aménagement?			Caractère de l'aménagement dans l'expérience.
30 - Avez-vous un rituel lorsque vous êtes dans ce parc?		Les usagers ont-ils des habitudes spatiales?	Compréhension de l'investissement du parc.

31 - Faites-vous toujours la même chose quand vous vous rendez au parc?	Le parc joue-t-il un rôle dans cette préférence?	Aménagement du parc.	Caractériser les points qui font que les usagers viennent dans ce parc plus particulièrement.
32 - Avez-vous un parcours particulier?		Investissement spatial.	Le parc par rapport aux habitudes spatiales.
33 - Qu'est-ce que le parc La Fontaine vous évoque personnellement?	Est-ce un lieu qui vous inspire? (Si, oui en quoi?)	Sensibilité à l'espace.	Symbolique individuelle engagée dans l'expérience du parc.
34 - La présence animale (écureuils, animaux de compagnie) est-elle importante?			Compréhension des éléments composants le paysage du parc pour ses usagers.
35 - La présence de l'eau est-elle importante?		Caractère de l'aménagement dans la pratique et le vécu du parc.	Représentation symbolique des éléments du parc.
36 - Prêtez-vous attention à la végétation?		Rôle de la végétation dans l'expérience.	Représentation symbolique des éléments du parc.
37 - Qu'est-ce que le parc vous inspire?			Place du parc dans le cadre de vie de ses usagers.
38 - Préférez-vous vous installer sur un banc ou dans l'herbe?	Selon réponse justifier pourquoi?	Rapport physique à l'espace.	Dimension sensorielle dans l'espace.
39 - êtes-vous sensible aux bruits et odeurs dans le parc?	Qu'est-ce qu'il vous stimule au parc La Fontaine?	Type de sensorialité dans l'expérience du parc.	Expérience sensorielle.
40 - Comment vous situez-vous par rapport aux activités des autres personnes?	Préférez-vous vivre le parc en solitaire ou plutôt dans une dynamique sociale? (Faire détailler les raisons).	Le parc comme une nature aménagée et un espace public.	Comment les usagers se situent-ils par rapport à l'environnement social?
41 - Vous arrive-t-il de rencontrer des gens (connus ou inconnus)?			
42 - Avez-vous des anecdotes par rapport à la fréquentation de ce parc?	Quels sont les souvenirs que le parc La Fontaine déclenche chez vous?	Attachement personnel à l'espace.	L'expérience du parc est-elle liée à l'attachement du lieu?

Annexe 2 : les études de cas

I- Entretien préliminaire

Sexe : féminin
Age : 25 ans
Situation de famille : célibataire
Lieu de résidence : Montréal
Durée : 20 min
Lieu de passation : Parc La Fontaine dans l'ancien restaurant sur l'îlot central, car il s'est mis à pleuvoir.
Situation de l'entretien : 10.06.08, 15 h 30.

Résumé : parc La Fontaine, un mardi à 13 h 30, le temps est nuageux (soleil au début de la rencontre, et une averse au moment de quitter le parc).

Le parc est moyennement fréquenté, on voit quelques personnes qui prennent le soleil, d'autres se promènent en vélo, ou d'autres promènent leur chien. Contrairement au week-end où les pelouses sont investies par une forte affluence de gens, là on trouve un attroupement parcellaire.

Les activités rencontrées au parc à cette heure sont d'ordre des loisirs sportifs ou récréatifs (détente dans l'herbe, promenade).

Nous nous situons à proximité du bassin ou un groupe de jeunes skateurs s'amuse à plonger dans l'eau avec leurs skates.

1) Est-ce que tu viens souvent au parc La Fontaine?

« Je ne viens pas l'hiver, je viens seulement quand il fait beau, pour me mettre dans l'herbe, surtout le week-end quand il fait beau, pas la semaine : soit, je me pose dans l'herbe quand il fait beau pour lire, ou bosser, ou avec des amis, ou alors, je fais des tours en vélo quand j'ai envie de sortir. »

2) As-tu un moment propice pour t'y rendre?

« L'après-midi ou en fin d'après-midi ou début de soirée. »

3) Tu restes longtemps?

« Je reste à peu près 2-3 h quand je me pose dans l'herbe. Quand je fais des tours en vélos, ce n'est pas long, c'est juste moi pour prendre l'air. »

4) Quand tu viens, c'est programmé ou spontané?

« Non c'est programmé en général, car ce n'est pas sur mon chemin de rentrer du travail, de partir... Donc c'est plutôt programmé. »

5) Pourquoi tu fréquentes le parc La Fontaine en particulier?

« Il est près de chez moi, il est grand, on ne voit pas la ville au tour donc, c'est sympa, car on a l'impression d'être dans la nature et c'est un parc agréable, il y de l'eau, c'est sympa d'avoir de l'eau, c'est très vert, puis il y a du monde qui vient. C'est sympa l'été où il fait beau, car il y a pas mal de monde qui se pose donc s'est plutôt détendu comme ambiance. »

6) Tes activités sont essentiellement de loisirs (lire, faire du vélo)?

« Ouais, où me promener ou soit, me détendre ou lire un peu ou discuter. »

7) Par rapport à ta semaine, les moments que tu passes dans le parc t'inspirent quoi?

« C'est des moments de détente en fait plutôt, par rapport à ma semaine de boulot, c'est pour changer de cadre par rapport à la ville comme je passe la journée dans le métro ou à l'intérieur, à la bibliothèque. Pour changer, comme je viens de la campagne, ça me rappelle un peu la nature comme en ville, y a pas... Je ne sors jamais de Montréal, en fait, je n'ai pas de voiture, donc je ne vais jamais à l'extérieur, en campagne, donc c'est le seul endroit... Après il y a le parc Mont-Royal, mais c'est plus loin, il faut marcher heuuu, il faut monter, c'est plus sportif tandis qu'ici, c'est plus détendu. Le parc Mont-Royal, il faut prendre plus de temps, c'est-à-dire je sais que quand j'y vais, je vais mettre au moins 3 h, le temps de monter tandis qu'ici, ça peut-être fait plus rapidement, une coupure plus rapide. »

8) Le parc et ses activités tu le trouves comment et tu t'y situes comment?

« Moi j'ai une pratique assez restreinte, je fais que me poser sur l'herbe et bouquiner. Il y a beaucoup de gens qui font promener leur chien, je trouve ça marrant la promenade du chien. Ou alors pratique sportive, genre faire du footing ou faire de la gym ou les gens qui ramènent leurs enfants, pour venir avec leurs enfants, mais moi, c'est assez restreint en fait comme pratique. »

9) Es-tu attentive à ce qui se passe autour de toi dans le parc?

« Je regarde, ouais je trouve ça assez marrant, regarder les gens c'est assez drôle, il y a aussi les énergumènes... » *(Interruption pluie)*

10) Rencontres-tu des gens dans le parc?

« Ça met pas encore arrivé, je ne viens peut-être pas assez souvent. Ça m'est déjà arrivé de croiser quelqu'un que je connaissais dans l'herbe quand j'étais posée, une fille que je connaissais qui s'était posée au même endroit, en fait bizarrement, mais sinon inconnu non en fait, quand je viens, ce n'est pas forcement de rencontrer des gens, c'est surtout pour être posée tranquille ou faire un peu de sieste donc j'essaie pas forcement de nouer des contacts avec les gens autour, mais dans d'autres types de pratique, sûrement, genre par exemple la promenade du chien, c'est super social en fait, la promenade du chien : son chien rencontre un autre chien du coup tu discutes : « au qu'il est mignon, comment il s'appelle et lalalala.. », mais comme je n'ai pas de chien, je ne rencontre pas. »

11) Le parc t'inspire-t-il?

« J'aime bien l'odeur, en fait, car ça change de la ville, sentir l'odeur soit de l'herbe coupée, soit l'odeur des arbres, ou l'odeur des fleurs, ce sont des odeurs que l'on ne retrouve pas en ville d'habitudes, ça fait un autre cadre, ça participe au changement de cadre en fait, ça fait un petit îlot séparé du reste de la ville, et l'odeur c'est assez importante, ça pu pas. Il y a pas de bruits aussi, il y a pas le bruit des voitures, il y a le bruit de l'eau aussi, donc c'est relaxant en fait. »

12) Le choix des espaces où tu te poses est-il dicté par des critères?

« En général quand je me choisis un endroit, je sais qu'il faut un peu isoler loin des chemins. En fait, je trouve qu'il y a beaucoup de chemins, bon c'est bien pour se promener, mais du coup il y a des chemins partout et il y a pas de grands espaces verts, enfin d'herbes qui soient isolées ou vraiment calmes, c'est-à-dire qu'il y a toujours des gens qui passent en vélo ou des gens qui passent à pied ou en se promenant, c'est jamais vraiment pas perdu dans la nature c'est dommage, mais s'il y avait un endroit plus à l'écart, plus loin des chemins ou du passage je pense que je me mettrais là. »

13) As-tu toujours aimé fréquenter les parcs en ville?

« Quand j'étais à Lille, il y avait un bois, il y a un bois qui s'appelle le bois de Boulogne, au bord d'un canal, et j'y allais assez régulièrement, des fois j'allais courir dans le temps de ma jeunesse, j'allais courir là-bas. J'allais souvent me promener, ça me faisait un break dans le quotidien de la ville, je trouvais ça important de me ressourcer dans les parcs, faire un changement, du goudron, de l'espace urbain hyper humanisé, artificiel. »

II- Entretien nº 1

Lieu de passation : Le parc La Fontaine
Durée de l'entretien : Environ une quinzaine de minutes.
Situation de l'entretien : Jeudi 11 septembre à 15 h 35, sur un banc le long du bassin.
Âge du répondant : 66 ans
Nationalité : Québécoise

Résumé :

Le temps est ensoleillé avec quelques nuages, il fait relativement bon. Le répondant n'est pas de Montréal, mais elle a déjà, à quelques occasions, arpenté le parc.

Remarques - premières impressions :

Cette personne ne fréquentant pas le parc quotidiennement, nous n'avons pas pu faire l'intégralité du questionnaire.

Les questions furent un peu adaptées au contexte, et l'entretien fut plus rapide, car la personne n'avait pas beaucoup de temps à consacrer.

Cependant, cette personne parle beaucoup de la symbolique de la nature pour elle, mais cela ne se réfère pas directement au vécu dans le parc La Fontaine. Elle nous confie qu'elle est à Montréal en raison de problème de santé et elle profitait d'une pause entre divers examens de santé pour se promener dans le parc.

Soulignons aussi qu'en raison de son état de santé, cette personne ne pouvait s'exposer en plein soleil, d'où l'importance pour elle dans le parc d'avoir des zones d'ombres.

1-Est-ce que vous fréquentez souvent le parc La Fontaine?

« Mais non, c'est vraiment une occasion là. »

2-Cela fait longtemps que vous êtes au parc?

« Ohhh, peut-être un quart d'heure, mais je suis venu quelques fois prendre des marches dans le parc, lorsqu'il faisait beau, quand le soleil était haut parce que je ne dois pas prendre le soleil. »

3-Vous êtes donc obligé de rester plus à l'ombre?

« Oui c'est ça, il y a beaucoup d'ombre, il y a des bancs, on peut s'asseoir. »

4-Vous restez donc essentiellement sur les bancs et pas sur les pelouses?

« Non, non, non, sur les bancs. »

5-C' est le seul parc à Montréal que vous fréquentez?

« Ben, je suis pas de Montréal, je peux pas vous répondre. »

6-Fréquentez-vous souvent des lieux de nature ou des espaces verts?

« J'ai un grand terrain, j'ai déjà mon espace vert chez nous. »

7-Donc c'est important pour vous d'avoir un espace de nature?

« Oui, beaucoup, beaucoup. »

8-Quelle place ça occupe dans votre vie d'avoir un accès à la nature?

« C'est très important pour la détente, le repos et c'est la vie. »

9-Vous passez donc beaucoup de temps au contact de la nature?

« Je demeure sur un grand terrain, ma résidence est sur un grand terrain. »

10- Donc votre fréquentation des parcs reste ponctuelle?

« Oui je ne vais pas souvent dans des parcs, plus chez nous. »

11-Quel plaisir, vous avez au contact de la nature?

« La détente, du plaisir, j'en ai besoin de respirer la nature. »

12-Cela vous stimule-t-il?

« Oui, beaucoup ça donne la vie, c'est la vie. »

13-Vous restez, seule ou accompagnée, dans ces moments dans la nature?

« Oui, comme c'est chez moi, quand j'ai de la visite, je m'excuse, je parle de chez nous *(pas de problème je comprends)*. »

14-Que pensez-vous des parcs par rapport à la ville?

« Je ne peux pas vous dire, je ne viens pas assez souvent à Montréal. »

15-Dans ce parc-ci qu'est-ce qui vous marque le plus?

« La verdure, la belle verdure et il y a la fontaine aussi, mais c'est la verdure et les beaux arbres, il y a de l'espace. Ben, ici les bancs sont un peu rapprochés, car c'est face au lac, mais près des tennis, ils sont plus distancés, donc on peut s'asseoir, se reposer, pas être entouré d'un va-et-vient tout le temps. »

16-Quand vous venez dans ce parc, vous ne restez donc pas exclusivement autour du « lac »?

« Ben, j'ai fait le tour quand je suis arrivée par deux, trois fois. Pi, là je viens d'une librairie ici, sur l'avenue de la Roche, pi j'vais passer un petit moment dans le parc, pas longtemps, mais la fontaine était tellement belle que je vais finir par la regarder avant de continuer. »

Merci beaucoup de m'avoir consacré un peu de votre temps.

« Il n'y a pas de quoi, ça m'a fait plaisir, bon courage. »

Conclusion : entretiens nᵒ 1

Le fait d'avoir accès à un espace vert privé ne laisse pas sortir le besoin quotidien d'aller dans un parc public comme le parc. Cela peut s'expliquer par le fait que cette personne vit à la campagne. On peut donc en conclure que le besoin de nature n'est pas manifesté de la même manière chez les Urbains que les personnes vivant à la campagne. On voit avec cet entretien l'importance de l'aménagement du parc par son accessibilité, sa végétation et son organisation. Pour le cas de cette personne, il est nécessaire d'avoir des espaces d'ombres.

Grilles d'analyse, entretien 1

Thème : quotidienneté et routine.	Questions	Thèmes émergents
Fréquentation occasionnelle, pas de quotidienneté de l'expérience.	Question 1	
Fréquentation ponctuelle du parc, mais expérience régulière et quotidienne d'espace vert par le fait qu'elle vit en campagne et a un « *grand terrain* ».	Question 9 & 10	

Thème : Pratiques et usages	Questions	Thèmes émergents
Le parc est une nature devant répondre aux besoins humains. « *je ne dois pas prendre le soleil* »	Question 2 et 3	L'aménagement du parc doit pouvoir être accessible à tous en tant que lieu public.
Le parc se pratique de différentes manières selon les âges. La personne a besoin de bancs pour s'installer confortablement. « *Il y a des bancs, on peut s'asseoir.* »	Question 3 et 4	Évolution des pratiques en fonction de l'âge.
La pratique du parc, comme espace de nature, n'est pas régulière du fait que la personne est accès à un autre type d'espace vert. « *Je ne vais pas souvent dans les parcs, plus chez nous.* »	Question 10	

Thème : Sensibilité et sensorialité à l'espace.	Questions	Thèmes émergents.
L'idée de nature au travers des espaces verts est associée à la respiration. « *J'en ai besoin de respirer la nature.* »	Question 11	

Thème : La nature du parc.	Questions	Thèmes émergent
Le couvert végétal devient dans ce cas un élément fonctionnel au-delà d'un élément esthétique. (la personne ne doit pas prendre le soleil) « *il y a beaucoup d'ombre* »	Question 3	
Les espaces verts sont associés à la santé.	Question 5 et 6	
Besoin moins important de fréquenter les parcs, car elle a un espace vert privé. « *J'ai un grand terrain, j'ai déjà mon*	Question 8	

espace vert chez nous. » La nature est associée à la couleur verte. « *Espace vert.* »		
Symboliquement l'usager associe l'idée de nature à la détente, au repos et à la vie. « *C'est très important pour la détente, le repos, et c'est la vie.* » La symbolique est encore mise en perspective avec les notions de plaisir et détente et de vie. L'évocation de l'idée de nature par cette personne relève presque de la mystification. « *La détente, du plaisir, j'en ai besoin de respirer la nature.* »; « *C'est la vie.* »	Question 11 et 12	

III- Entretien nº 2

Lieu de passation : Le parc La Fontaine
Durée de l'entretien : Environ une vingtaine de minutes.
Situation de l'entretien : Jeudi 11 septembre à 16 h 10, sur un banc le long d'une promenade sur l'accotement au dessus de la zone bassin.
Âge du répondant : 52 ans
Nationalité : Québécoise

Résumé :

Le temps est ensoleillé avec quelques nuages, il fait relativement bon. Le répondant est assis sur un banc tout seul à l'ombre, il contemple le paysage en écoutant de la musique sur son baladeur.

Remarques - premières impressions :

La personne au premier contact reste méfiante, nous lui expliquons que nous faisons une recherche autour du parc La Fontaine et de sa fréquentation. Il paraît prés à participer une fois notre sujet d'enquête évoqué, mais quand on lui explique que l'entretien dure une vingtaine de minutes, il me dit qu'il ne restera pas tout ce temps. Au fur et à mesure de l'entretien, la personne s'ouvre à nous. La première impression fut d'ennuyer cette personne et à la fin de l'entretien, on a pu voir une certaine satisfaction de sa part d'avoir pu parler de son vécu et d'avoir donné son avis par rapport au parc.

On soulignera aussi que ce soit pour l'entretien 1 et celui-ci, même si les gens ont un temps limité ou peu d'envie de se faire questionner, lorsqu'on évoque le thème du parc comme sujet de recherche les gens sont prés à y consacrer du temps.

1-Est-ce que vous fréquentez régulièrement le parc La Fontaine?

« De temps à autre, disons surtout l'été, une fois par semaine environ. »

2-Combien de temps dure votre présence au parc?

« Oh, une heure, deux heures. »

3-Des moments plus propices dans la journée?

« L'après-midi, pour voir les gens, pi prendre le soleil. Je fréquente le parc surtout l'été. »

4-Vous fréquentez le parc l'hiver?

« Pas souvent. »

5-Le parc La Fontaine est le seul parc que vous fréquentez à Montréal?

« C'est surtout celui-là, il y a le parc Baldwin qui est pas très loin de chez moi que je fréquente de temps à autre l'été et le parc du Mont-Royal, j'y vais pas souvent, pas assez à mon goût. Je devrais le fréquenter davantage, mais il est un peu plus loin, ça demande de s'organiser. »

6-Pourquoi préférez le parc La Fontaine plutôt qu'un parc plus proche de chez vous?

« Parce qu'il est plus grand, il est plus beau, il est majestueux le parc La Fontaine, c'est un des plus beaux parcs qu'on a à Montréal, c'est différent. »

7-Accédez-vous à d'autres types de nature (espaces verts, campagnes) ?

« Pas souvent la campagne malheureusement, je suis assez confiné à la ville. »

8-Par rapport à votre vécu, le parc dans la ville est vraiment un élément important?

« Absolument, c'est essentiel à la ville. »

9-Le parc évoque-t-il des choses pour vous (souvenirs, moments personnels) ou est-ce plus une démarche mécanique?

« J'y vais comme ça, ça ne m'évoque pas des choses personnelles, c'est... ben faut dire que je le fréquente ce parc-là depuis aussi loin que je me souvienne. Je viens à ce parc là, car j'ai toujours habité les environs. C'est sur qui y a des souvenirs qui s'y rattachent, mais c'est pas tellement pour ça que je le fréquente, c'est qu'il est pas très loin, il est très beau, on a l'impression de rejoindre la nature. »

10-Est-ce que le fait de venir au parc dépend d'humeur particulière?

« Je dirais que j'y viens aussi bien quand je suis triste que de bonne humeur, j'y viens pour les deux raisons quand je suis de bien bonne humeur, c'est le fun, d'autres fois je suis un petit peu plus triste, puis je viens ici. »

11-Par rapport à ça est-ce que votre pratique du parc change?

« Quand je suis de moins bonne humeur, je suis moins disposé à aller vers les gens, je me retire un petit peu plus, c'est plus un contact à la nature que je cherche, oui plus pour me ressourcer, me questionner. »

12-Avez-vous des anecdotes par rapport au parc?

« Des bons souvenirs des activités qu'il y a eu dans le parc d'années passées. »

13-Il y a donc une dimension sociale dans votre pratique?

« Oui, oui. »

14-Vous fréquentez donc le parc depuis longtemps?

« Oui, au moins 30 ans. » *(Ah oui vous êtes vraiment un habitué.)*

15-Vous préférez donc l'été pour qu'elles raisons?

« Je vais pas souvent à la campagne, c'est pour retrouver cette nature-là. Je viens lire, quelques fois écouter de la musique sur mon mp3, de temps en temps je vais avoir des contacts avec les gens un peu. »

16-Pratiquez-vous des activités sportives dans le parc?

« J'en ai fait longtemps, mais je peux plus maintenant à cause d'un accident de vélo que j'ai eu il y a très longtemps, j'en fais plus, mais j'en ai fait pendant plusieurs années. »

17-Avez-vous un rituel dans le parc?

« Ça dépend, je reste surtout dans cette section-ci je dirais. Je descends jusqu'au lac en bas, je vais m'asseoir un peu au soleil dans l'autre section pour l'eau et je vais remonter ici, c'est pas mal la section que je préfère. »

18-Qu'est ce qui vous procure le plus de plaisir quand vous êtes dans ce parc?

« La tranquillité, oui quand il y en a, il y en a pas toujours, parfois ça bouge (rire). Il y a des gens, il y a plein de choses qui se passent, mais ça reste un endroit paisible, on entend moins les bruits de la ville, on a l'impression qu'il y a moins de pollution, mais ça c'est un petit peu moins fondé. Il y a la nature, les arbres, on a l'impression que l'air est meilleur, mais ça c'est à voir (rire). »

19-Comment vous vous situez par rapport aux autres activités dans le parc?

« Observateur, plutôt. »

20-Y-a-t-il des choses qui vous dérangent ou vous stimulent dans le parc?

« Non, pas vraiment parfois l'attitude de certaines personnes, mais ça c'est partout alors, mais en règle générale ça va. »

21-Avez-vous rencontré des gens ou fait des connaissances dans le parc?

« Non, pas vraiment de connaissances, mais de discuter avec des gens que je connaissais pas, mais je les revoie pas ou je créais pas des liens pour autant. »

22-Quels sont les éléments qui vous attirent le plus dans ce parc-là?

« Je pense qu'on a fait le tour un peu, on parlait de la verdure, le côté un peu tranquille qui nous sort un peu de la ville, c'est plus paisible, les gens sont plus relaxes et on peut venir ici pour méditer, pour la musique, relaxer, lire, prendre un peu de soleil. »

23-C'est une rupture au rythme de la ville?

« Absolument, c'est essentiel les parcs, les parcs comme ça dans une ville, je n'imagine pas une ville comme Montréal sans parc où aller de temps en temps faire le plein, se ressourcer parce qu'une ville là, pas de parcs, je peux pas imaginer ça, ça doit être l'enfer. »

24-Où préférez vous vous installer dans le parc (herbe, banc)?

« Un banc, oui parce que c'est plus confortable pour moi aujourd'hui. L'herbe je l'ai fréquentée pendant plusieurs années (rire) maintenant je suis plus tenté de m'asseoir sur un banc. (Rire) »

25-L'aménagement du parc vous convient-il?

« Oui, je n'en bénéficie pas tellement je dois l'avouer, mais je pense que ça fonctionne bien, oui il y a des spectacles aussi, il y a des choses qui se passent. »

26-Dans le parc vous vous déplacer toujours à pied?

« Oui. »

27-Le bassin a-t-il une importance pour vous?

« Oui, ben l'eau, c'est important pour moi comme j'ai pas la chance de fréquenter les lacs, car même si on en a des milliers à Montréal, enfin pas Montréal, mais au Québec et je trouve ça apaisant, j'ai besoin de ça, c'est ma nature le bruit de la fontaine qu'est là-bas, c'est apaisant. »

28-Si vous pouviez rajouter quelque chose dans le parc ce serait quoi?

« Pas grand-chose, en fait je suis content qu'il soit comme ça. Qu'on y ajoute pas trop de béton, ce qu'on fait malheureusement dans les parcs à Montréal aujourd'hui, je pense à Émilie Gamelin, je trouve qu'il y a trop de béton et les petits parcs de quartiers... On investit des centaines de milliers de dollars pour faire des parcs qui sont moitiés en béton quand c'est si simple de faire des parcs avec des arbres, qui prennent leurs places, pi c'est la nature, l'espace vert, c'est ça qu'on a besoin. Du béton, on en a partout, je trouve ça dommage quand on fait ça aux parcs, pourquoi investir autant pour ça, on n'en veut pas, enfin je dis « on », mais je parle pour moi, mais beaucoup de gens partagent mon avis. »

29-Comment identifier vous l'ambiance du parc par rapport à la ville?

« Je trouve que c'est beaucoup mieux dans le parc, car on vient ici pour retrouver de la tranquillité, du plaisir. Justement, on entend moins le bruit des autos et tout ça, c'est agréable. Et je trouve que c'est important quand les gens respectent ça aussi. Que cela soit plus paisible, il y a des sections pour jouer, il y a des sections pour la nature, sinon les gens s'installent n'importe où et il y a plus vraiment d'endroits où tu peux te ressourcer, te reposer, te retirer du bruit... Alors oui, il y a des sections pour jouer à des jeux, il y a un parc pour les enfants, on a pas forcément envie d'entendre crier les enfants toute la journée. Tu sais moi j'habite en face d'une cour d'école primaire, alors quand je viens au parc je veux pas entendre les enfants crier toute la journée. C'est normal que les enfants poussent des cris, mais moi ça commence à 8 h le matin chez moi là, alors quand je viens ici c'est pour me couper de ces bruits-là. Je viens passer un moment pour moi, il y a la section pour les enfants plus loin, ben je vais pas m'asseoir autour de cette section-là, je viens ici, car c'est tranquille. On a le choix, c'est ce que j'aime. »

Grille d'analyse, entretien n° 2

Thème : quotidienneté et routine	Questions	Thèmes émergents
Régularité dans la fréquentation du parc. « *De temps à autre, disons surtout l'été, une fois par semaine.* »	Question 1	
Habitude en ce moment de la journée (l'après-midi), propice à la fréquentation du parc.	Question 3	
La régularité de la fréquentation vient en partie du fait que la personne habite à proximité du parc.	Question 9	
La personne fréquente le parc depuis 30 ans.	Question 14	Il est intéressant de voir que l'appréciation du parc s'ancre dans un besoin de contact avec la nature, que relatif à l'histoire personnelle de la personne. L'appréciation et l'appropriation du parc viennent plus de l'espace en lui-même que dans une relation personnelle au lieu.
La personne a des habitudes spatiales. « *Je reste surtout dans cette section-ci, je dirais. Je descends jusqu'au lac en bas, je vais m'asseoir un peu au soleil dans l'autre section pour l'eau et je remonte ici. C'est pas mal la section que je préfère.* »	Question 17	

Thème : Pratiques et usages	Questions	Thèmes émergents
Pratique contemplative dans la mesure où la personne aime regarder les gens, mais cela montre aussi le besoin pour le répondant de se confronter à une dynamique sociale. « *L'après-midi, pour voir les gens [...].* »	Question 3	
La pratique du parc est liée à la facilité d'accession. « *Le parc du Mont-Royal, j'y vais pas souvent, pas assez à mon goût. Je devrais le fréquenter davantage, mais il est un peu loin, ça demande de s'organiser.* »	Question 5	Le parc La Fontaine est un espace de proximité.
Le répondant a une pratique du parc dans des activités intimistes comme lire ou écouter de la musique, mais on voit qu'il reste perceptif aux autres usagers. « *Je viens lire quelques fois, écouter de la musique sur mon mp3, de temps en temps, je vais avoir du contact avec les gens, un peu.* »	Question 15	Le parc dans son aménagement doit répondre aux différents besoins et attentes des usagers.
La personne se positionne comme un observateur. (Dynamique passive)	Question 19	L'acte d'observation se retrouve chez presque tous les répondants. Ainsi, on peut envisager le parc comme un théâtre où l'on regarde une scène de

		vie quotidienne.
		Section étudiée est dédiée à la pratique contemplative.
On voit que le parc dans son aménagement nécessite de répondre aux différents besoins des usagers. Cela se retrouve par rapport à l'âge, mais aussi dans les goûts personnels. *« Un banc, oui parce que c'est plus confortable pour moi aujourd'hui. L'herbe je l'ai fréquentée pendant plusieurs années, maintenant je suis plus tenté de m'asseoir sur un banc. »*	Question 24	Évolution des pratiques avec l'âge. Le parc doit être un aménagement tenant cas de cet aspect, dans la mesure où il est fréquenté par une population hétérogène.

Thème : sensibilité et sensorialité	Questions	Thèmes émergents
Approche visuelle du parc (« voir les gens »). Sensibilité vis-à-vis du climat, marqué par « le besoin de soleil ».	Question 3	
Ancrage visuel dans la sensibilité du parc. *« Il est très beau.»* La personne présente le parc dans un attachement esthétique très classique et contemplatif.	Question 9	
La sensibilité de cette personne vis-à-vis de l'espace que représente le parc l'identifie comme un lieu plus sain. *« Mais ça reste un endroit paisible, on entend moins les bruits de la ville. On a l'impression qu'il y a moins de pollution, mais ça, c'est un petit peu moins fondé. Il y a la nature, les arbres, on a l'impression que l'air est meilleur, mais ça, c'est à voir. »*	Question 18	
Importance du son de la fontaine, comme un élément apaisant. *« Le bruit de la fontaine qu'est là-bas c'est apaisant. »*	Question 27	Le parc est un espace où les usagers veulent se positionner en rupture avec le quotidien urbain, tant visuellement, que socialement ou encore acoustiquement parlant.
Reconnaissance de la nature par la couleur verte. Le parc comme forme de nature a une reconnaissance qui passe par un ancrage visuel important. *« L'espace vert, c'est ça qu'on a besoin. »*	Question 28	Ancrage visuel.

Thème : La temporalité	Questions	Thèmes émergents
Fréquentation du parc en été et la personne y passe une à deux heures. La personne ne montre pas un goût prononcé pour la pratique hivernale du parc. *« Pas souvent. »*	Question 1 et 2	L'expérience est liée aux manifestations climatiques.

Thème : l'aménagement comme type de nature.	Questions	Thèmes émergents
Le parc dans son aménagement offre plusieurs secteurs, où chaque usager peut satisfaire ses besoins. La personne n'utilise pas toutes les infrastructures, mais apprécie la répartition et les activités qu'offre le parc. « (L'aménagement du parc) *je n'en bénéficie pas tellement, je dois l'avouer, mais je pense que ça fonctionne bien, oui il y a des spectacles aussi, il y a des choses qui s'y passent.* »	Question 25	Appréciation du zonage en aires d'activités du parc.
La personne manifeste un refus de rencontrer des éléments rappelant la ville dans le parc. Encore une fois, on voit que l'expérience du parc doit s'émanciper de celle pratiquée dans le reste de la ville. « *Qu'on n'ajoute pas trop de béton. Ce qu'on fait malheureusement dans les parcs à Montréal aujourd'hui, je pense à Émilie Gamelin, je trouve qu'il y a trop de béton et les petits parcs de quartiers... On investit des centaines de milliers de dollars pour faire des parcs qui sont moitiés en béton. Quand c'est si simple de faire des parcs avec des arbres, qui prennent leurs places, puis c'est la nature, l'espace vert, c'est ça qu'on a besoin. Du béton, on en a partout.* »	Question 28	Nécessité de l'aménagement de rompre avec l'espace urbain. Importance de la végétation dans l'expérience.
L'aménagement du parc La Fontaine offre un espace pour chacun. « *(Tranquillité) je trouve important quand les gens respectent ça aussi. Que cela paisible, il y a des sections pour jouer, y' a des sections pour la nature, sinon les gens s'installent n'importe où, et il y a plus vraiment d'endroits où tu peux te ressourcer, te reposer, te retirer du bruit.* »	Question 29	Variété d'expériences dans le parc.

Thème : le parc comme un espace de socialisation	Questions	Thèmes émergents
L'humeur répondant influe sur son rapport à l'environnement social. « *Quand, je ne suis pas de bonne humeur, je suis moins disposé à aller vers les gens, je me retire un petit peu plus, c'est plus le contact à la nature que je cherche.* »	Question 10 et 11	
Le parc est aussi vécu dans sa dynamique événementielle.	Question 12	Les activités pratiquées au parc engendrent une histoire avec le parc. D'où nous pouvons voir que l'appropriation n'est pas seulement spatiale, mais temporelle (associé avec

		la question 14).
Le parc comme un moyen d'avoir un contact indirect avec les gens. « *Je vais avoir un contact avec les gens, un peu.* »	Question 15	Importance de l'environnement sociale.
Le parc est un moyen de socialisation « anonyme ». On rencontre des gens ou on entame des discussions, mais ça reste anonyme. « *Non pas vraiment de connaissance, mais de discuter avec des gens que je connaissais pas, mais je l'ai revois pas ou je ne crée pas de lien pour autant.* »	Question 21	Distance proximale avec l'environnement social.
Le parc est un espace social et on n'y voit pas les mêmes usages que dans la ville en elle-même. « *C'est plus paisible, les gens sont plus relaxes.* »	Question 22	Le parc comme un espace de détente dans l'urbain.
Le parc est un espace démocratique, un théâtre social, mais il répond à la même notion de civisme que dans le reste de l'espace urbain.	Question 29	

Thème : la nature du parc	Questions	Thèmes émergents
Admiration de la végétation du parc. On sent une forte appréciation de cet espace, qu'il personnifie presque. « *Parce qu'il est plus grand, il est plus beau, il est majestueux le parc La Fontaine. C'est un des plus beaux parcs de Montréal. C'est différent.* »	Question 6	Importance de la maturité du couvert végétal dans la reconnaissance du parc.
Le répondant n'a pas accès à d'autres formes de nature que le parc. Le parc est pour lui un substitut de campagne. « *Je suis assez confiné en ville.* »	Question 7	Le parc associé aux paysages plus naturels rencontrés sur le territoire québécois.
Le parc est essentiel à la ville. « *C'est essentiel à la ville.* » Le terme essentiel ramène le parc comme un besoin vital et nécessaire au bien-être.	Question 8	Le parc comme un besoin nécessaire dans l'espace urbain.
Le parc est un espace favorisant l'introspection de l'usager. « *Quand je suis de moins bonnes humeurs, je suis moins disposé à aller vers les gens, je me retire un petit peu plus, c'est plus un contact à la nature que je cherche. Oui, plus pour me ressourcer, me questionner.* »	Question 11	L'expérience du parc comme moyen de se concentrer sur soi.
Le parc comme substitut de nature dans la ville. « *Je vais pas souvent à la campagne, c'est pour retrouver cette nature-là.* »	Question 15	Le parc une forme de campagne dans la ville.
Le vocabulaire pour évoquer le bassin est relatif aux éléments naturels courant dans les espaces de nature québécois. « *Lac* ». Le parc en tant que substitut de campagne est idéalisé par rapport aux milieux naturels du territoire québécois.	Question 17	Représentation idéologique de la nature liée aux standards de nature rencontrés au Québec.

XXX

Le parc est vécu comme une rupture au rythme urbain. Il représente un lieu de tranquillité, coupé des bruits de la ville; on voit aussi qu'il est associé à un lieu de pureté où la pollution urbaine est stoppée. Les éléments végétaux viennent renforcer cette sensation. « *Ça reste un endroit paisible, on entend moins les bruits de la ville. On a l'impression qu'il y a moins de pollution, mais ça, c'est un petit peu moins fondé. Il y a la nature, les arbres, on a l'impression que l'air est meilleur.* »	Question 18	Le parc acquiert une partie de son statut par rapport à la symbolique des éléments qu'on y rencontre.
Le parc comme une rupture au rythme urbain et comme un besoin vital. « *C'est essentiel les parcs. Les parcs comme ça dans une ville. Je n'imagine pas une ville comme Montréal, sans parc, où aller de temps en temps, faire le plein, se ressourcer. Parce qu'une ville là...pas de parcs, je peux pas imaginer ça, ça doit être l'enfer.* »	Question 22 et 23	Il est intéressant de voir que les répondants présentent le parc comme essentiel à l'environnement urbain tout en l'opposant à l'expérience directe de ce dernier.
Le parc est un substitut de nature et les éléments constituant l'aménagement par leur symbolique renforcent l'idée de nature. « *Oui, ben l'eau c'est important pour moi comme j'ai pas la chance de fréquenter les lacs, car même si on en a des milliers à Montréal, enfin pas à Montréal, mais au Québec.* »	Question 27	Le parc est un substitut de nature et les éléments jouent un rôle symbolique dans la reconnaissance du parc. Il est aussi intéressant de voir que la symbolique des éléments semble être liée aux environnements naturels du territoire québécois.
L'expérience du parc cherche à rompre avec le rythme de la ville. Le parc est un lieu vécu comme un espace de tranquillité, de plaisir. « *Je trouve que c'est beaucoup mieux dans le parc, car on vient ici pour retrouver de la tranquillité, du plaisir. Justement, on entend moins le bruit des autos et tout ça, c'est agréable.* »	Question 29	Le parc associé à la tranquillité.

IV- Entretien nº 3

Lieu de passation : Le parc La Fontaine
Durée de l'entretien : Environ 1 h
Situation de l'entretien : Parc La Fontaine, le 17.09.08 à 16 h 30.
Âge du répondant : 27 ans
Nationalité : Française

Résumé : Le temps est nuageux avec de temps en temps du soleil et un peu de vent. Le parc est moyennement fréquenté, on remarque un certain nombre de gens lisant sur les pelouses. On se situe dans l'herbe en face du bassin et de la fontaine du côté de la rue Rachel et l'avenue Calixa-Lavallée.

Remarques - premières impressions :

On remarque que la disposition des gens dans l'espace est concentrée dans le même secteur. Cela s'explique par l'ensoleillement, ce secteur est la zone bénéficiant du plus de soleil (quand il apparaît). Peu de gens se trouvent isolés. On dénote une proximité sociale, qui est moins prégnante quand le parc est fortement fréquenté. L'ambiance est relativement détendue. On entend le bruit de la fontaine et les conversations.

1-La fréquentation du parc La Fontaine est-elle régulière?

« Ben en fait là, j'étais partie un peu en vacances, puis j'ai reçu de la visite, mais régulièrement quand je travaille c'est presque tous tous les soirs, vraiment tous les soirs de la semaine, mais en fait, c'est comme un parcours, tu sais, je sors de ma station de métro, je sors du travail, je viens au parc, je me pose pendant une heure ou deux, puis après ça quand…. En fait, quand je suis plus capable de lire ou d'écrire, car généralement, généralement je viens ici pour lire et écrire. Heueu en fait les lumières artificielles ça va un moment, mais ça ne suffit pas, c'est là, je rentre, puis tu sais là je fais mes courses et je rentre chez moi. »

2-C' est un rituel quelque part?

« Ce qui est drôle en fait, c'est qu'avant j'habitais à côté du parc Jarry à Montréal, puis le parc Jarry est vraiment différent de celui-ci, mais c'est bizarre, car je venais et il y a un petit étang avec une fontaine (*parc Jarry*) et pareil je venais toujours là. Et ici, pareil, je viens toujours ici, pas trop sur le bord du lac où il y a les zones de passages, plus sur un coin de verdure à l'ombre, mais je viens toujours, c'est un peu… Là, où il y a la fontaine. »

3- La fréquentation du parc se fait-elle durant les différentes saisons? (Y a-t-il des périodes de l'année plus propices?)

« Ben moi surtout en période, printemps, été, automne tant que je peux m'asseoir et rester sur place tranquille à bouquiner. C'est bien quand tu viens faire du sport l'hiver, courir et tout ça, mais heuheue ou faire du ski, mais moi c'est pas trop mon truc, ou alors tu peux faire du patin à glace, mais généralement en fait, quand je peux pas avoir l'activité de lecture, ben je viens pas. »

4- C'est vraiment les belles saisons qui sont propices à ton type d'activité?

« Ouais, ouais. »

5- Le parc La Fontaine est-il le seul parc que tu fréquentes régulièrement à Montréal?

« Ben comme je te dis avant j'habitais juste à côté du parc Jarry, donc je fréquentais le parc Jarry et depuis que j'habite ici, le parc est à 50 m de chez moi, ben du coup je viens au parc La Fontaine, mais après c'est vrai que je fréquente pas beaucoup de parcs. Le seul parc auquel j'allais c'était le parc Mont-Royal parce que j'aime aller au parc Mont-Royal, tu peux faire de la marche. Je n'y vais pas du tout pour les mêmes raisons, c'est pour monter le Mont-Royal, pour marcher, c'est vraiment ça. »

6- Le parc La Fontaine tu t'y rends essentiellement, car il est à côté de chez toi ou tu y as un attachement particulier?

« Ben au départ, j'étais déjà venu, mais je viens essentiellement, car il est à côté de chez moi. J'aurais un autre parc avec heu… après ce que j'aime c'est qu'il est relativement grand. Les tout petits parcs, j'aime moins. J'aime quand même quand c'est grand, car tu peux t'éloigner de la zone urbaine, sinon quand c'est trop petit, t'as des squares par exemple à Montréal, mais t'as la circulation qui est à côté et c'est ça qui est chiant en fait. Tu sais, c'est quand même intéressant, c'est que tu viens aussi couper quand même du bruit, puis on dirait que le bruit d'eau (*fontaine du parc*) couvre un peu le bruit de la circulation, du bruit de la ville. »

7-As-tu accès à d'autres types d'espace vert que le parc en ville (jardins privés, campagne)?

« Pour moi c'est un peu difficile, parce que je suis étudiant et j'ai pas de voiture, c'est que je suis quand même dépendant des transports en commun et en fait la facilité c'est quand même à côté de chez moi. J'ai pas beaucoup l'occasion de partir, de sortir de la ville, fait que, si je n'ai pas le parc pendant l'été c'est un peu frustrant, c'est comme le seul coin de verdure que j'ai. »

8- Donc, en fait qu'elle place occupe la fréquentation du parc dans ton quotidien?

« Ça vient vraiment briser, comme une détente comme une cassure de mon rythme quotidien, mais faut que ça vienne tous les jours, tu sais, mais c'est ça qui est drôle paradoxalement, car le week-end, je viens presque jamais, mais j'en ai vraiment besoin, avant de rentrer à la maison, j'ai besoin de m'aérer l'esprit, faut vraiment. Puis comme je te dis c'est un moment où je peux me changer les idées, parce qu'après comme j'ai pas de moyen de transport personnel, je peux pas partir comme je veux de la ville, alors faut que j'organise, c'est tout une logistique. »

9- Le parc La Fontaine t'évoque-t-il des choses personnelles? Est-ce un lieu qui t'inspire?

« Moi très honnêtement, sans vexer les gens qui ont construit quoi que ce soit, le parc La Fontaine n'a pas un aménagement... Il a des infrastructures ça c'est chouette aussi, car ça met beaucoup d'animation, mais au-delà de ça c'est pas un parc naturel où il y a vraiment quelque chose de spécifique, en tout cas moi je trouve pas. Ce qui est intéressant c'est un peu cette mixité, justement t'as des coins pour te détendre, t'as des coins pour faire du sport, tu retrouves vraiment tout et n'importe quoi ici. Mais je crois vraiment ce que je viens chercher, c'est aussi, ce que j'aime beaucoup c'est voir les gens, voir l'animation, c'est un lieu de rencontre. C'est pas... oui c'est l'endroit où je viens chercher du calme, mais c'est aussi un endroit où... En fait, ce que j'aime c'est être un peu en retrait, c'est-à-dire tu vois là on est sur une pelouse, je veux dire les gens ne viennent pas directement, on entend pas directement les gens, donc j'ai un peu de recul par rapport à la situation, mais en même temps je vois ce qui se passe autour de moi, tu sais... et je respire et en même temps, je suis pas loin des activités, tu vois ce que je veux dire. C'est comme un calme, comme si t'étais extérieur à une scène, tu regardes une scène, mais t'es un peu extérieur, puis en même temps t'as vite accès à cette scène-là, si tu as envie d'y aller, c'est comme un spectateur qui regarde une pièce de théâtre, mais il peut rentrer dans la pièce s'il veut à un moment donné. »

10- Donc personnellement qu'est-ce que t'apporte cette fréquentation du parc La Fontaine?

« Ça me permet de passer du travail à la maison, c'est vraiment ça, c'est comme heuuuu, on dirait c'est toujours le même circuit. Dés fois, je me dis, j'aimerais bien passer par autre part, car j'ai l'impression que je reviens toujours un peu aux mêmes places, en même temps j'aime bien, c'est un peu... Parce qu'au début, tu sais, je passais pas par les mêmes endroits, puis à un moment donné ça c'est comme stabilisé puis je sors du métro, j'arrive ici avec ma sacoche de travail, je déballe mon travail, je me détends, je fume ma cigarette et après je vais faire mes courses puis après je rentre à la maison. C'est la période entre-deux. »

11- As-tu une humeur particulière quand tu es au parc?

« Ouais, j'ai besoin d'être seul généralement. Seul ou à deux... En fait, j'ai vraiment besoin de me retrouver, souvent c'est ça en fait, j'ai besoin d'être avec moi-même, de faire le point, soit sur ma journée, soit ce que je vais faire demain, soit dés fois dans ma vie tout court sur ce qui se passe présentement dans ma vie, besoin de faire le tri, ben je viens ici. Heuuuu c'est des choses que je peux pas faire à la maison, parce que je suis en collocation. Sinon après quand j'ai envie de discuter avec quelqu'un de particulier, pour une discussion à deux, c'est sympa aussi, ou alors dessiner j'aime bien dessiner, j'ai mon petit carnet de croquis, je m'installe puis je regarde les gens, puis je dessine... C'est pour être avec moi-même généralement. »

12- As-tu un rituel particulier quand tu viens dans le parc? (On a déjà parlé d'un chemin, mais as-tu d'autres habitudes que tu fais seulement au parc?)

« Heuuheuu, j'essaie de voir, car des fois je fais les choses de manières un peu inconscientes, mais heueuuu... ici, c'est le seul endroit où je me pose pour dessiner, c'est des choses que je fais très rarement à l'extérieur, ici c'est vraiment... où quand j'ai envie d'écrire, poser mes idées à plat c'est ici que je le fais. Je peux pas le faire à l'Université, je peux pas le faire à la maison, je le fais ici. »

13- Cela est-il lié au fait que ce soit un espace de nature?

« Oui, oui je pense que de toute façon chez moi, après je pense que ça dépend des individus, je pense que ouais j'aime le fait d'avoir un parc à côté de chez moi, j'aime, j'ai quand même besoin de verdure, j'ai besoin, oui j'ai besoin et si j'ai pris l'appartement à côté c'est pas pour rien, je voulais avoir un parc à côté de chez moi. C'est sur là on est encore à côté du centre-ville, et c'est peut-être la raison principale pourquoi je suis venu ici et que je pouvais tout faire à pied, mais une des très importantes raisons c'est aussi parce qu'il y a un parc à côté, puis ça c'est vraiment important. »

14- Et que ce soit le parc La Fontaine où un autre parc change-t-il quelque chose?

« Cela aurait été un autre parc... mais des parcs comme le parc La Fontaine il y en a pas 58 mille, heuuuu, j'en ai pas trouvé. Le parc Jarry, l'ambiance est vraiment vraiment différente et je préfère l'ambiance de celui-ci. Ce qui m'embête des fois ici, c'est que c'est vraiment beaucoup plus achalandé, ça des fois c'est un peu gênant, même si des fois je recherche un peu l'ambiance, des fois c'est trop et c'est pour ça que je viens pas le week-end, car des fois c'est impossible. Là, tu vois, là même aujourd'hui on est en jour de semaine et il y a déjà pas mal de monde, mais imagine toi, samedi et dimanche c'est comme la plage sur la Côte d'Azure au mois d'août, les gens te marchent dessus et ça c'est vraiment pas agréable. »

15- As-tu des anecdotes par rapport à tes fréquentations du parc?

« Non, mais ce qui est très drôle c'est qu'on trouve vraiment de tout, il y a vraiment des gens de tous les horizons. »

16- Tu te places surtout en tant qu'observateur des situations qui t'entourent?

« En fait, j'aime bien regarder les gens, je suis peut-être un peu vicieux là, je sais pas, mais j'aime bien regarder les gens, j'aime regarder les gens en train de vivre, en train de.... Tu sais les gens qui donnent à manger aux.... Ou les gens qui par exemple là (*gens assis sur un banc en train de discuter avec des chiens*)... Ils ont des chiens ils se regroupent, j'aime regarder en fait, sans forcément participer, tu sais des fois, si tu rencontres des gens souvent d'ailleurs, il y a des gens quand je suis assis, souvent d'ailleurs quand je dessine, tu sais, il y a des gens qui viennent s'arrêter qui commencent à me taper la discussion. La dernière fois, c'est ce qui m'est arrivé pendant une heure, bon des fois, tu sais pas comment t'en dégager. Non, mais c'est ça aussi qui est marrant, autant des fois, c'est froid, c'est-à-dire que t'as l'impression que les gens te passent à côté, mais des fois rien que du fait que t'es une activité qui sorte du commun comme dessiner, ça fait comme une astuce pour rompre un peu la glace et les gens, ils viennent discuter avec toi, puis moi j'apprécie ça, des fois tu fais des rencontres, tu discutes pendant un quart d'heure, vingt minutes, des fois une heure, deux heures, c'est vraiment très drôle. »

17- Depuis quand fréquentes-tu le parc? (Depuis que tu habites à côté?)

« J'étais passé avant essentiellement quand je rentrais, des fois quand je sortais en ville ou pas loin ou de ce côté-là, que je remontais ou parce que j'ai des amis qui habitaient pas loin, je passais par le parc, mais je faisais que PASSER. Je passais généralement, alors quand tu passes la nuit c'est ça, généralement, soit tu passes par l'axe du milieu où il y a la route, soit tu fais carrément le pâté de maisons, tu fais vraiment le tour, mais tu passes pas dans le parc, tu restes en périphérie. La nuit c'est vraiment ça, ça crée vraiment une zone noire, je trouve. Sinon, là ça fait trois mois, que je viens très régulièrement, mais c'est facile j'habite à côté maintenant. »

18- T'as saison préférée pour venir au parc?

« Moi tu vois, en fait je vais te dire ça surtout par comparaison avec le parc Jarry, encore une fois j'habitais à côté d'un parc, mais c'est essentiellement quand il y a de la verdure. Quand il y a de la verdure, quand il y a l'automne, quand les feuilles, quand il fait pas trop froid et que tu peux rester un quart d'heure ou une vingt minutes, que tu peux rester sur place sans tomber en hypothermie, c'est un peu ça. »

19- Tu l'as déjà plus ou moins déjà évoqué, mais que fais-tu quand tu es dans le parc?

« J'écoute aussi la musique, je mets mon walkman, dès qu'il y a du bruit et que ça devient gênant. Tu vois des jours comme aujourd'hui, les gens parlent, discutent, t'as le bruit de la fontaine, c'est pas plus dérangeant que ça, là dans ces cas-là, j'ai pas le walkman. »

20- Fréquentes-tu le parc toujours à pied?

« Toujours à pied, en marchant je fais pas de footing, je fais pas de roller. »

21- As-tu différentes activités?

« Heueueu différentes activités, disons que oui puisque je viens lire, je viens écrire, je viens marcher, je viens regarder, j'écoute de la musique, je viens au concert. Mais c'est toujours un certain type d'activités comparé aux infrastructures qu'il y a, comme les infrastructures sportives. Je te dis, je viens surtout du côté ouest du parc, car les infrastructures sont plus adaptées à mes activités, mais du côté Est, là où il y a les terrains, j'y vais pas, car ce n'est pas, j'en ai pas l'utilité. »

22- Tes activités varient en fonction des saisons?

« Non, je pense tu vois, des fois je vais au Vieux-Port pour faire du patin et des trucs comme ça, mais c'est sure que l'hiver si on peut faire du patin ici, c'est sur là je viendrais, mais après non. »

23- On en a déjà un peu parlé précédemment, mais qu'elle est la durée et tes activités dans le parc?

« Ben généralement, comme je t'ai dit, soit je suis d'humeur j'ai envie de m'asseoir, soit j'ai envie de marcher alors je fais un peu le tour, mais je vais quand même m'asseoir, en fait il y a toujours un moment où je viens m'asseoir. Généralement ça varie entre une heure et deux heures par jour, puis je vais faire mes courses, soit j'y vais directement, en fait ça dépend si j'ai envie de prolonger un peu mon passage ou pas. »

24- T'es plus souvent seul ou accompagné?

« Je suis souvent seul. Sinon je viens avec une personne, avec des copains, on vient ensemble, on se donne pas rendez-vous au parc. »

25- Tes activités en groupe sont-elles les mêmes?

« Les activités que j'ai en groupe c'est essentiellement de la discussion, tu viens, tu t'assois, tu te poses. »

26- Dans la zone que tu fréquentes quel est l'espace que tu préfères?

« Ben, c'est là où on est en fait, là ou là-bas. Parce qu'en fait t'as le soleil qui est en face de toi, puis tu vois pas trop, tu vois quand même la ville, mais c'est là où t'as comme le plus de perspective, c'est ce qui est le plus intéressant je trouve, c'est à la fois t'as des arbres, t'es sous les arbres, puis à la fois t'as de la perspective, c'est ça que j'aime. »

27- Qu'est-ce qui te procure le plus de plaisir dans le parc?

« J'aime bien quand je flâne, en fait quand... Mais dans les courts instants que je rentre et je suis dans le parc, ce que j'aime c'est vraiment flâner, puis t'as... Des fois tu regardes sans regarder, des fois tu regardes les gens, c'est vraiment là, j'aime ça. »

28- On peut dire que tu aimes ce moment, car tu n'as aucune responsabilité?

« Oui, t'es pas en train de penser... Il y a des moments dans le parc, o.k. je viens ici faire mon truc, je fais mon planning, c'est ça, mais le moment où tu marches, tu peux pas tenir ton crayon à la main, ce qui fait du coup tu laisses ton esprit vagabonder et ça, j'aime. Et c'est ça que je te dis, c'est quand je prolonge le temps que je fais une marche de plus c'est pour ça. Oui j'ai passé un temps, je suis venu, j'ai travaillé un petit peu, mais là je viens prolonger, c'est-à-dire j'ai besoin d'encore une zone tampon. Je suis déjà dans une zone tampon, mais j'ai besoin d'un tampon du moment où mon esprit il lâche prise, ça c'est vraiment très appréciable. »

29- Comment te situes-tu par rapport aux activités d'autrui?

« En observateur, j'aime, puis je te dis ici, t'as des gens qui promènent leurs enfants, t'as des gens qui promènent leurs chiens, t'as des gens qui viennent donner à manger aux canards, t'as des gens qui font du sport, du vélo, du cyclisme, t'as des gens qui viennent discuter. Les activités là, c'est tout et n'importe quoi, mais c'est vrai que moi... Mais comme je te le dis, c'est quand les gens viennent me voir aussi, des fois j'aime bien et des fois t'as des situations cocasses, puis t'es pris dans la situation et t'aimes bien rencontrer les gens, ça c'est sympa, puis c'est l'effet de surprise aussi qui est rigolo. »

30- As-tu lié des amitiés par rapport aux rencontres?

« Non, c'est toujours cocasse, c'est toujours anecdotique, c'est ce qui fait le charme, mais des amis non, non, je viens pas ici pour socialiser, ce n'est pas le but.»

31- Tu apprécies plus le parc en solitaire ou en groupe?

« Comme je te dis, j'aime bien aussi être interrompu dans mes pensées puis rencontrer des gens, donc je dirais les deux, il y a un temps pour tous.»

32- Y a-t-il des éléments qu'ils retiennent ou captivent ton attention dans ce parc?

« Je crois que c'est l'eau, avec le vert. En fait, c'est vraiment très primaire, l'eau, tu vois le mouvement de l'eau, puis l'air. L'eau qui jaillit de la fontaine, le vert, le mouvement des feuilles, c'est vraiment les éléments en fait, c'est pas... T'as l'eau en mouvement, t'as la verdure en mouvement, c'est ça. T'as le bruit, pour moi le bruit de la fontaine c'est vraiment important, ça met un ronronnement derrière qui te détend, et pourtant tu vois il y a la sirène derrière, des voitures, ça adoucit un peu.»

33- La disposition de la nature dans ce parc, te marque-t-elle?

« Ben très honnêtement moi j'aime quand un parc... par exemple, j'aime pas le parc Jarry, car ce n'était que de la pelouse, puis t'avais des espaces où t'avais rien c'est-à-dire t'avais pas un arbre, c'était désert, ça j'aime pas. Moi ce que j'aime quand t'as des petits chemins, t'as quand même une présence d'organisation, c'est-à-dire t'as quand même un chemin. Là, les chemins sont quand même goudronnés, mais c'est aussi sympa quand t'as des petits sentiers en terre ou gravillonnés. Mais j'aime finalement quand t'as un petit chemin, comme ici tu vois. Finalement, c'est ça, t'as des voies qui passent, qui sont pas droites, c'est courbé, ça change de ces lignes droites. Quand tu sors du parc que tu vois cette ligne, ça vient casser, ça vient marquer une frontière. Puis ici, c'est pas comme en France où t'as les rues qui sont pas droites, ici tout est droit, tout est carré. Et ici, je trouve que c'est vraiment agréable d'avoir quelque chose d'un peu sinusoïdal.»

34- Par rapport à la ville comment tu situes le parc?

« Moi ce que j'aime dans mon quartier comme je te dis, c'est qu'il est à côté de tout, j'ai mon parc, j'ai la rue commerçante à côté de chez moi, je suis à un quart d'heure à pied du centre-ville, c'est comme des composantes essentielles à mon bien-être. »

35- Préfères-tu t'installer sur les bancs ou l'herbe?

« Ben des fois j'alterne, des fois je préfère dans l'herbe, mais des fois c'est pas toujours propre (rire), des fois je m'assois sur le banc quand j'ai plus envie d'écrire, mais ce qui chiant quand t'es sur les bancs, c'est que t'es juste à côté des gens, t'as les gens qui passent à un mètre de toi, puis ça c'est chiant.»

36- Et s'il y avait des bancs loin des circulations, reculées?

« Ouais... Mais en fait, ce que j'aime ici c'est qu'on est pas sur un terrain plat. On est sur un terrain en pente, et en pente avec un diaporama, c'est comme si tu étais en position allongée, mais tu peux regarder, c'est bien en fait. Après non tu vois là, il y aurait... Il y a pas besoin de bancs quand le terrain est en pente. »

37- Le contact du sol quand t'es assis dans l'herbe est important pour toi?

« J'aime bien être dans l'herbe, je prends une brindille, j'arrache les fleurs, j'arrache l'herbe (rire). Non je sais pas, j'aime bien, mais tu vois quand t'as un temps limite, qu'il pleuve, ben tu peux pas t'asseoir.»

38- La présence animale est-elle importante (écureuils, canards, oiseaux, animaux de compagnie)?

« Ah non, mais les chiens non, car les chiens, ça chie partout. Très honnêtement j'aime bien voir les gens baladaient leur chien, mais tu sais les chiens ça chie... Mais ce qu'il y a de sympa, c'est les animaux qui sont là dans le parc, car ils sont dans le parc. Après les animaux... Les chiens c'est des animaux rapportés. J'aime les animaux où c'est leur lieu de vie, où ce n'est pas leur lieu de promenades... »

39- Pour toi ces animaux, tu les associent à la nature?

« Ils font partie du parc, les chiens ils sont en laisse. Les chiens, ils sont avec leur maître, ils n'ont pas du tout le même rapport à l'espace. Les canards, ils vont, ils viennent. Les écureuils, ils vont dans leurs arbres, ils font ce qu'ils veulent, il y a un côté où ils sont libres.»

40- Quand tu te déplaces dans le parc, tu utilises toujours les sentiers?

« Ben en fait généralement, je commence par les sentiers, puis généralement quand j'ai envie d'aller à un endroit, je finis par couper dans l'herbe. »

41- Une raison particulière?

« C'est juste que les sentiers, des fois ça te fais faire un détour, soit que t'as envie de passer dans l'herbe, c'est juste ça, t'as envie de passer dans l'herbe, t'as pas envie d'avoir à suivre le chemin, des fois t'as juste envie de casser le truc et te dire je vais dans l'herbe.»

42- Par rapport à ton ressenti, quels sont les éléments qui te marquent (bruits, odeurs) ?

« Les odeurs pas réellement, mais les bruits oui, surtout.»

43- Qu'est-ce que les bruits du parc te procurent?

« Les bruits, c'est surtout l'eau et le vent, c'est vraiment des choses que j'aime. Le brouhaha des gens qui parlent aussi, ça met une ambiance, ça casse du bruit des bagnoles, c'est le changement d'atmosphère entre la ville et le parc.»

44- Y a-t-il des choses qui te déplaisent?

« Les chiens qui chient partout... Les infrastructures tu ne comprends pas ce que ça fait là. Le bâtiment qui est là, oui il a une utilité parce qu'il y a une école, oui c'est un hôpital, même le bâtiment au milieu, je sais même pas ce que c'est... oui ils ont des utilités, mais ça vient entacher le parc, c'est comme si en fait tu viens rechercher, tu veux t'isoler de la ville et c'est comme si la ville venait te rattraper, puis finalement même le lieu où tu pouvais être un peu tranquille, elle te le prend, c'est un peu chiant.»

45- Tu m'en as déjà parlé, mais la présence de l'eau est-elle essentielle dans le parc?

« Oui, ça symbolise le calme, elle est... C'est plat comme je te disais tout à l'heure, j'aime que l'eau soit en mouvement, j'aime le bruit qu'elle fait, j'aime les canards quand ils passent, j'aime l'eau qui scintille, j'aime les reflets. Donc, l'eau est toujours en mouvement, elle n'est jamais statique réellement et ça fait un plan, un plan, c'est-à-dire ce qu'il y a d'intéressant c'est que ça fait un plan en mouvement qui te permet d'avoir de la perspective, tandis que quand t'as de l'herbe c'est pas le même rapport... J'aime que ça donne de la perspective, ça aussi c'est intéressant.»

46- Prêtes-tu attention à la végétation?

« La végétation... Pas plus que ça. Après quand tout est en ligne ça m'énerve un peu. Ce que j'aime bien, c'est que ce soit un peu disposé n'importe comment. Non, je dirais pas n'importe comment, mais quand c'est pas trop rectiligne. C'est la nature oui, aménagée oui, c'est un peu entre les deux, c'est-à-dire que c'est ni trop sauvage, ni trop urbain. C'est un peu entre les deux et ça j'aime bien. »

47- Tu me parlais du parc Jarry où il y trop de pelouses à ton goût, la végétation de celui-ci que t'amènes-t-elle de plus?

« Cela me permet de m'asseoir à l'ombre, il me permet d'avoir le bruit des feuilles, il me permet... Je te dis le parc Jarry c'est beaucoup moins agréable et le seul endroit où il y avait plus d'arbres c'était autour de l'eau, c'est pour ça que j'allais autour de l'eau, car il y avait l'eau et il y avait les arbres.»

48- Donc t'attaches une importance aux arbres?

« Oui, car je peux me mettre dessous. Ça crée une intimité en fait. T'as pas envie de te poser tranquille, à lire un bouquin au milieu d'un terrain de foot où c'est plat, où c'est vert. J'aime le bruit des feuilles aussi, c'est quelque chose qui est pas régulier, qui est pas artificiel. Tu sens la brise, ça passe, tu sens les éléments bouger. »

49- Rajouterais-tu quelque chose dans ce parc, si tu pouvais?

« Moi, je crois pas que je rajouterais, je crois que j'enlèverais, j'enlèverais les verrues de bâtiments, enfin qui pour moi sont des verrues et j'agrandirais les espaces comme les espaces un peu tranquilles, autour des lacs, tout ça.

Bon c'est un petit parc, le parc La Fontaine, relativement à Montréal c'est un grand parc, mais quand tu regardes Central Park à New York, c'est ça aussi que je rechercherais, c'est agrandir ce côté, puis des boisés, des endroits où tu peux te retrouver tout en laissant la possibilité aux gens de courir s'ils veulent faire du sport ou de faire du patin s'ils veulent faire du patin.»

50- Dans ton quotidien globalement qu'est-ce que représente le parc?

« Je viens casser le rythme journalier et je viens surtout m'abreuver pour redémarrer le lendemain. C'est le moment où c'est moi, en fait c'est moi, j'ai l'impression que c'est moi, c'est moi où je me rencontre-moi, c'est le moment où je suis pas obligé de rencontrer les gens si j'ai pas envie de les rencontrer, je suis pas obligé d'entrer en contact, je suis pas obligé de subir, c'est le moment où je viens me chercher moi-même, j'attends rien en particulier, j'attends juste le moment d'être tranquille. La présence dans la ville t'as un statut, t'as... Pour moi il y a mon rôle d'étudiant, mon rôle de colocataire, mon rôle d'usager de métro.... Bon oui, je suis un usager du parc, mais je me sens pas obligé de faire quelque chose parce que les gens me le demandent, je me sens juste être moi, j'ai pas de rapport. »

51- Te sens-tu concerné par l'histoire de ce parc?

« Moi le parc en tant que tel je connais pas son histoire, donc j'ai pas de rapport à l'histoire. Le rapport que j'ai c'est par rapport à mon vécu dans ma vie de tous les jours. J'ai pas de rapport historique au parc. »

52- Arrives-tu toujours par le même endroit?

« En fait toujours par le même côté, c'est sur... Toujours en venant de l'ouest, car je viens de ce côté-là, j'habite de ce côté-là. Soit, c'est l'entrée du milieu, soit c'est l'entrée du nord, soit c'est l'entrée du sud, mais généralement c'est l'entrée du milieu, car ça correspond à ma rue. En fait, j'ai juste le temps entre moi et le moment où j'arrive au parc j'ai même pas le temps de fumer une cigarette, donc tu vois. »

53- L'accès au parc le trouve-tu pratique?

« Oui, oui il est complètement accessible même s'il y a comme je te le dis une barrière entre le côté ville et la nature, c'est un peu drôle. »

Conclusion :

D'une part, on peut voir que la relation au parc chez cette personne se manifeste par un besoin personnel d'introspection. Il est aussi remarquable que contrairement aux deux premiers entretiens de constater que l'attitude de cette personne n'associe pas le parc réellement à l'idée de nature, elle davantage un médium propice à se retrouver soi-même.

Grille d'analyse, entretien nº3

Thème : quotidienneté et routine	Questions	Thèmes émergents
La fréquentation du parc entre dans une routine de travail. Elle se déroule avec un certain rituel. « *Quand je travaille, c'est presque tous les soirs, vraiment tous les soirs de la semaine. Mais en fait, c'est comme un parcours, tu sais, je sors du métro, je sors du travail, je viens au parc.* »	Question 1	Le parc vécu comme une rupture à la quotidienneté urbaine tout en faisant partie de cette quotidienneté.
La fréquentation du parc est envisagée comme une rupture au rythme imposé par la ville tant dans la dimension sociale que spatiale. « *Ça vient vraiment briser comme une détente comme une cassure de mon rythme quotidien, mais faut que ça vienne tous les jours tu sais.* »	Question 8	
Routine dans l'accession du parc, dans la durée de fréquentation et le moment de la journée. « *Ça me permet de passer du travail à la maison, c'est vraiment ça, c'est comme heueueueu, on dirait c'est toujours le même circuit. (...) Parce qu'au début, tu sais, je passais par les mêmes endroits, puis à un moment donné ça c'est comme stabilisé puis je sors du métro, j'arrive ici avec ma sacoche de travail, je déballe mon travail, je me détends, je fume ma cigarette et après je vais faire mes courses puis après je rentre à la maison. C'est la période entre-deux.* »	Question 10	Habitudes spatiales
Fréquente toujours le parc de la même manière. « *Toujours à pied, en marchand, fais pas de footing, je fais pas de roller.* »	Question 20	Habitudes de pratiques
Fréquentation routinière de l'espace, toujours le même coin. « *Je viens surtout du côté ouest du parc, car les infrastructures sont plus adaptées à mes activités.* »	Question 21	L'investissement de l'espace est défini par rapport au type d'activités pratiquées. Appréciation du zonage de l'aménagement.
Routine dans temps accordé à l'expérience du parc (Tous les jours de la semaine, une à deux heures).	Question 23	Habitudes temporelles.
Le parc fait partie de la vie quotidienne et il relève du besoin pour cette personne. « *C'est comme une composante essentielle à mon bien-être.* »	Question 34	L'expérience du parc comme besoin.
Le parc comme un espace entrant dans une quotidienneté tout en étant un lieu rompant avec la routine imposée par la vie en ville. « *Je viens casser le rythme journalier, et je viens surtout*	Question 50	L'expérience du parc en rupture avec l'expérience du reste de la ville.

m'abreuver pour redémarrer le lendemain. C'est le moment où c'est moi, en fait c'est moi, j'ai l'impression que c'est moi. » Importance de se retrouver par rapport à l'obligation urbaine.		
Habitude dans l'accession au parc. « En fait, toujours par le même côté, c'est sur, toujours en venant de l'ouest, car je viens de ce côté-là. »	Question 52	Habitudes de pratiques.

Thème : Pratiques et usages	Questions	Thèmes émergents
Le parc est vécu comme une sorte de retraite où la personne pratique des activités d'ordre personnel comme lire ou écrire.	Question 1	Le parc un espace favorisant le retour sur soi.
La pratique du parc La Fontaine est due au fait que le répondant vive à côté. « Comme je te dis avant j'habitais juste à côté du parc Jarry, donc je fréquentais le parc Jarry et depuis que j'habite ici, le parc est à 50 m de chez moi, du coup, je viens au parc La Fontaine, mais après c'est vrai que je fréquente pas beaucoup les parcs. »	Question 5	Parc La Fontaine est un espace proximité.
Le parc est vraiment un moment pour les activités personnelles comme lire, écrire ou dessiner. *«Je m'installe puis je regarde les gens puis je dessine.»*	Question 11	Le parc comme inspirant.
Il situe sa pratique comme un observateur des gens. Il souligne que cela peut paraître vicieux, cela renvoyant aux normes classiques rencontrées en ville. « En fait, ce que j'aime bien c'est regarder les gens, je suis peut-être un peu vicieux là, je sais pas, mais j'aime bien regarder les gens, j'aime regarder les gens en train de vivre. »	Question 16	Codes sociaux particuliers au parc.
La personne fréquente le parc depuis qu'elle vit à proximité, avant le parc était juste un lieu de passage.	Question 17	Tous les répondants ont marqué une appréciation au parc. Ils se rendent aussi dans ce parc par la proximité de l'habitat.
La personne pratique le parc au travers d'activités personnelles. « J'écoute aussi la musique, je mets mon walkman. »	Question 19	Expérience intimiste du parc.
La personne fréquente le parc au travers de sa pratique personnelle, mais aussi au travers des activités événementielles. « Je viens lire, je viens écrire, je viens marcher, je viens regarder, j'écoute de la musique, je viens au concert. »	Question 21	Variété de pratiques dans le parc.
La personne aime le parc, car il peut prendre son temps. « J'aime bien quand je flâne en fait. »	Question 27	Rupture au rythme de la ville (Rythme physique, environnement sonore et

		spatial, normes sociales).
Selon les activités pratiquées, le répondant s'assoit dans l'herbe ou les bancs. *« J'alterne, des fois je préfère dans l'herbe. (...) je m'assois sur les bancs quant j'ai plus envie d'écrire. »*	Question 35	
Pas de réelle considération de l'histoire du parc dans la pratique du parc. *« Le parc en tant que tel je connais pas son histoire donc j'ai pas de rapport à l'histoire. »*	Question 51	

Thème : sensibilité et sensorialité	Questions	Thèmes émergents
Au niveau sensoriel le parc est un moyen de s'isoler de la ville par le visuel, le son, les odeurs, etc.	Question 6	Le parc un espace appartenant à la trame urbaine, mais qui est un aussi un lieu qui permet aux usagers de s'émanciper du rythme urbain, tant socialement, sensoriellement, sensiblement.
La prégnance du visuel est présente dans le fait que la personne se place dans une posture contemplative face à la dynamique sociale du parc.	Question 9	Reconnaissance du parc dominée par l'expérience visuelle.
La sensibilité dans le parc est marquée par cette personne par un besoin de s'isoler, car ça lui permet de se « retrouver ». *« J'ai besoin d'être seul généralement. »*	Question 11	Expérience intimiste du parc.
La personne est sensible à l'environnement sonore du parc, qu'il peut cependant considérer comme nuisant. *« Je mets mon walkman, dès qu'il y a du bruit et que ça devient gênant. Tu vois des jours comme aujourd'hui les gens parlent, discutent, t'as le bruit de la fontaine, c'est pas plus dérangeant que ça, là dans ces cas-là, j'ai pas le walkman. »*	Question 19	Expérience sonore.
Le lieu choisi pour passer du temps dans le parc est associé à la dimension visuelle. *« T'as le soleil qui est en face de toi. Puis tu vois pas trop, tu vois quand même la ville, mais c'est là, où t'as comme le plus de perspective, c'est ce qui est le plus intéressant je trouve, c'est à la fois t'as les arbres, t'es sous les arbres, puis à la fois t'as la perspective, c'est ça que j'aime. »*	Question 26	Expérience visuelle.
Le végétal est encore présenté par un vocabulaire visuel, on parle de « verdure » et non de végétation. L'ancrage visuel est très présent chez cette personne.	Question 32	
Importance du contact tactile. *« J'aime bien être dans l'herbe. Je prends une brindille, j'arrache les fleurs, j'arrache l'herbe. »*	Question 37	Expérience polysensorielle.

L'environnement sonore retient son attention. Essentiellement marqué par l'eau et le vent. Ainsi que le bruit des gens. Cela lui permet de rompre avec l'environnement sonore urbain. « *Les bruits, c'est surtout l'eau et le vent. C'est vraiment des choses que j'aime. Le brouhaha des gens qui parlent aussi, ça met une ambiance, ça casse du bruit des bagnoles. C'est le changement d'atmosphère entre la ville et le parc.* »	Question 42 et 43	Expérience polysensorielle.
La personne est dérangée par les infrastructures (école, hôpital, etc.) présentes dans le parc. « *Les infrastructures, tu ne comprends pas ce que ça fait là. (...) oui, ils ont une utilité, mais ça vient entacher le parc. (...) Tu veux t'isoler de la ville et c'est comme si la ville te rattraper.* »	Question 44	Dépréciation des éléments rappelant les codes urbains.
L'eau est aussi associée au visuel. « *J'aime, l'eau qui scintille, j'aime les reflets. Donc, l'eau est toujours en mouvement, elle n'est jamais statique réellement et ça fait un plan. (...) permet d'avoir de la perspective.* »	Question 45	L'espace est compris par rapport à une approche visuelle en premier lieu. (dominance)
L'importance du rapport sensoriel pour se confronter à une autre expérience de la ville. Cela se manifeste par le son et le tactile. « *J'aime le bruit des feuilles aussi. C'est quelque chose qui n'est pas régulier, qui n'est pas artificiel. Tu sens la brise. Tu sens les éléments bougés.* »	Question 48	La dimension sensorielle dans l'espace du parc permet de sortir de l'expérience quotidienne de la ville.

Thème : La temporalité	Questions	Thèmes émergents
Le parc la nuit prend une atmosphère complètement différente. « *La nuit, ça créé vraiment une zone noire, je trouve.* »	Question 17	On voit que l'atmosphère du parc change selon les moments malgré que ce soit le même espace.
Le répondant fréquente le parc dans une temporalité bien définie représentée par le printemps, été et automne, là où il peut pratiquer le parc comme il le désire.	Question 22	Manifestations climatiques liées au caractère de l'expérience.
Le temps passé au parc est relativement important entre une à deux heures.	Question 23	Importance du temps consacré à l'expérience du parc.

Thème : l'aménagement comme type de nature.	Questions	Thèmes émergents
Le parc doit répondre à tous les types de besoins. Dans le cas présent, on voit une attirance de cette personne pour les zones d'ombres et isolée des zones de passages.	Question 2	L'expérience du parc liée aux besoins.
L'aménagement du parc en détermine le type d'activités pratiquées. « *Ce que j'aime au parc du Mont-Royal, tu peux faire de la marche. Je n'y vais pas pour les mêmes raisons, c'est pour monter le*	Question 5	Influence de l'aménagement du parc sur les pratiques.

Mont-Royal pour marcher, c'est vraiment ça. »		
Malgré que le répondant fréquente le parc, car c'est un lieu de proximité, il apprécie l'espace, car il le trouve relativement grand et que l'on peut s'isoler du rythme urbain. « *Après ce que j'aime quand même c'est grand, car tu peux t'éloigner de la zone urbaine, sinon quant c'est trop petit, t'as des squares par exemple à Montréal, mais t'as la circulation qui est à côté et c'est ça qui est chiant en faite.* »	Question 6	Appréciation du parc en fonction de son aménagement.
Pour cette personne le parc n'est pas un parc naturel dans la mesure où il estime qu'il n'a pas un réel aménagement. « *Moi très honnêtement sans vexer les gens qui ont construit quoi que soit, le parc La Fontaine n'a pas un aménagement... Il a des infrastructures ça c'est chouette aussi, car ça met beaucoup d'animation, mais au-delà de ça c'est pas un parc naturel où il y a vraiment quelque chose de spécifique, en tout cas moi je trouve.* »	Question 9	Reconnaissance du caractère de l'aménagement. Idéalisation du parc.
L'aménagement influe sur l'ambiance du parc. « *Le parc La Fontaine, il y en pas 58 mille, heueueu, j'en ai pas trouvé. Le parc Jarry, l'ambiance sont vraiment, vraiment différents et je préfère l'ambiance de celui-ci.* »	Question 14	L'expérience du parc en liaison avec son ambiance et son aménagement.
La personne apprécie l'aménagement, car la structure sinueuse du parc est marquée par le cheminement des sentiers qui rompt avec le rythme de la trame urbaine rectiligne. « *Tu sors du parc que tu vois cette ligne, ça vient casser, ça vient casser, ça vient marquer une frontière. Puis ici, c'est pas comme en France où t'as les rues qui sont droites, ici tout est droit, tout est carré.* »	Question 33	Appréciation de son aménagement.
L'usager trouve dommage que les bancs soient toujours au niveau du passage et pas plus isolé. « *Ce qui est chiant quand t'es sur les bancs, c'est que t'es juste à côté des gens, t'as les gens qui passent à un mètre de toi, puis ça c'est chiant.* »	Question 35	Dépréciation des assises sur les zones de passages.
La structure en dénivelé est appréciée par l'usager, car elle répond à sa pratique d'observation. « *On est en pente, et en pente avec un diaporama, c'est comme si tu étais en position allongée, mais tu peux regarder. C'est bien fait.* »	Question 36	Appréciation du secteur étudié par rapport à son dénivelé.
Alterne entre sentier et gazon. « *Des fois j'ai juste envie de casser le truc et de dire je vais dans l'herbe.* »	Question 40 et 41	
Appréciation de l'aménagement de la végétation, qui ne suit pas un tracé	Question 46	Importance de l'agencement de la végétation.

rectiligne.		
La végétation (arbres) amène de l'intimité pour cette personne. Cette intimité est aussi conduite par le dénivelé. « *Je peux me mettre dessous, ça crée de l'intimité en fait. T'as pas envie de te poser tranquille à lire un bouquin au milieu d'un terrain de foot où c'est plat, ou c'est vert.* »	Question 48	Le parc dans son aménagement nécessite de répondre aux différentes attentes des usagers tant dans une pratique de loisir par les infrastructures, mais par l'aménagement du végétal qui permet d'amener des sous espaces propices aux pratiques du parc plus intimiste.
Les éléments architecturés du parc (les différents édicules) sont envisagés comme dérangeants. « *je crois que j'enlèverai, j'enlèverai les verrues de bâtiments, enfin qui pour moi sont des verrues.* »	Question 49	Besoin dans l'espace du parc de ne pas retrouver les éléments qui rappellent l'urbanité.
Grande perméabilité du parc dans son accession, mais la personne trouve que la transition entre la ville et le parc est marquée par une frontière. « *Il est complètement accessible, même s'il y a comme je te une barrière entre le côté ville et la nature, c'est un peu drôle.* »	Question 52	Rupture, frontière entre la ville et le parc.

Thème : le parc comme un espace de socialisation	Questions	Thèmes émergents
La personne aime regarder les gens, on se trouve ici dans une dynamique contemplative. « *Mais je crois vraiment ce que je cherche, c'est aussi, ce que j'aime beaucoup c'est voir, voir les gens, voir l'animation, c'est un lieu de rencontre.* » Besoin de calme tout en ayant accès aux activités des autres. « *C'est comme calme, comme si t'étais extérieur à une scène, tu regardes une scène, mais t'es un peu extérieur, puis en même temps t'as vite accès à cette scène-là, si tu as envie d'y aller, c'est comme un spectateur qui regarde une pièce de théâtre, mais il peut rentrer dans la pièce s'il veut à un moment donné.* »	Question 9	Pratiquement tous les répondants ont manifesté le besoin d'observer les autres usagers. Il est intéressant de souligner que l'observation d'autrui est une activité que les gens semblent manifester uniquement dans l'espace que représente le parc. Le parc comme un moyen de prendre du recul par rapport à son quotidien urbain, sans en être totalement coupé.
Le parc est un espace public, mais il amène les gens à s'émanciper des standards sociaux. On le voit ici, dans la mesure où dessiner pour cette personne est une pratique qu'il fait exclusivement chez lui, mais il le fait aussi parc. « *Ici, c'est le seul endroit où je me pose pour dessiner c'est des choses que je fais très rarement à l'extérieur, ici c'est vraiment...où quand j'ai envie d'écrire, poser mes idées à plat, c'est ici que je le fais. Je peux pas le faire à l'université, je peux pas le faire à la maison, je le fais ici.* »	Question 12	Le parc comme un entre-deux, c'est-à-dire l'intimité de l'habitat privé et le domaine public que représente le lieu de travail.
La personne trouve le parc un peu trop fréquenté à son goût. « *Ce qui m'embête, des fois ici, c'est que c'est vraiment beaucoup plus achalandé, ça. Des fois, c'est un peu gênant même si des*	Question 14	Environnement social.

fois, je recherche un peu l'ambiance des fois c'est trop et c'est pour ça que je viens pas le week-end, car des fois c'est impossible. »		
Il trouve le parc fréquenté par une population très hétérogène. On note que la personne est très attentive à ce qui se passe autour de lui.	Question 15	Environnement social.
Lorsque l'environnement sonore ne convient pas, la personne s'isole du monde en mettant son walkman. « *Je mets mon walkman, dès qu'il y a du bruit et que ça devient gênant.* »	Question 19	Sensibilité à l'environnement sonore.
Fréquentation du parc seul ou en petit comité. « *Je suis souvent seul. Sinon je viens avec des personnes, avec des copains, on vient ensemble, on se donne rendez-vous au parc.* »	Question 24	Le parc est à la fois un espace pouvant être vécu en solitaire ou en groupe. Mais la façon de le fréquenter change les pratiques.
L'attitude en groupe n'est pas la même que seul. En groupe le parc est un lieu de discussion.	Question 25	Dynamique de groupe différente que l'expérience du parc en solitaire.
La personne se place socialement en observateur.	Question 28	Ancrage visuel.
La socialisation dans le parc reste anonyme dans la mesure où l'on peut échanger des conversations. « *C'est toujours cocasse, c'est toujours anecdotique, c'est ce qui fait le charme. Mais des amis, non, non. Je viens pas ici pour socialiser.*»	Question 30	L'espace n'est pas vécu dans une dynamique de rencontre, mais il reste un lieu prompt à l'échange ponctuel. Dans ce sens aussi, il s'émancipe des normes communément rencontrées dans l'espace urbain.
Apprécie le côté aléatoire des rencontres, car cela le fait de se confronter aux autres et lui permet de rompre avec un certain rythme et provoque de l'imprévu. « *J'aime bien aussi être interrompu dans mes pensées, puis rencontrer les gens, donc je dirai les deux, il y a un temps pour tous.* »	Question 31	Environnement social.

Thème : la nature du parc	Questions	Thèmes émergents
La personne apprécie le parc, car elle peut y exercer ses pratiques personnelles.	Question 1	Le parc favorise l'expérience intimiste.
La végétation joue un rôle symbolique dans l'identification du parc comme forme une idée de nature, mais elle joue aussi un rôle fonctionnel qui permet de répondre à des besoins des usagers, comme faire de l'ombre. La nature est encore ici identifiée par le terme de « verdure »; l'ancrage visuel est très présent. Attraction pour l'élément aquatique, entre autres la fontaine et le bassin. *«je viens toujours ici, pas trop sur le bord du lac où il y a les zones de passages, plus sur un coin de verdure à l'ombre, mais je viens toujours, c'est un peu... là où il y a la fontaine.* »	Question 2	Importance de la présence de la végétation.
La fréquentation du parc durant les belles saisons devient une interface pour profiter des manifestations	Question 3 et 4	Expérience liée au climat.

saisonnière et climatique.		
Le parc comme un substitut de campagne pour les urbains. On voit que la plupart des répondants sont des gens n'ayant pas d'autre accès à la nature. « *Pour moi c'est difficile, parce que je suis étudiant et j'ai pas de voiture, c'est que je suis quand même dépendant des transports en commun et en fait la facilité, c'est quand même à côté de chez moi. J'ai pas beaucoup l'occasion de partir, de sortir de la ville, fait que, si j'ai pas le parc pendant l'été c'est un peu frustrant, c'est comme mon seul coin de verdure que j'ai.* » La nature comme relevant d'un besoin vital.	Question 7	Il est intéressant de relever que le parc dans le quotidien urbain a un double rôle, d'une part rompre avec le rythme de la ville pour permettre un retour sur soi et d'autre part, il est un substitut de campagne donnant accès au contact avec les manifestations saisonnière et climatique.
Le parc comme lieu de retraite, de calme, de paix.	Question 9	Le parc associé à un lieu de détente.
Le parc est un lieu de transition entre le travail et l'espace privé. La nature du parc facilite l'introspection.	Question 10	
Besoin de nature et identifié par un ancrage visuel « *besoin de verdure* ».	Question 13	On peut se demander si la reconnaissance de la nature par le visuel n'est pas liée au besoin de rupture et que l'aspect le plus manifeste est le visuel entre minéralité et organique?
La nature est vraiment associée à la couleur verte et le couvert végétal est aussi un élément d'attraction. « *Il y a de la verdure.* »	Question 18	Ancrage visuel.
Le parc comme un espace permettant de sortir des responsabilités imposées par la vie en ville.	Question 28	
Les deux éléments marquants sont le couvert végétal et l'eau. Notons que la végétation reste présentée par sa couleur.	Question 32	Symbolique des éléments constituant l'aménagement.
Le parc est un espace géré : « *Mais des fois, c'est pas toujours propre, des fois je m'assois sur les bancs.* »	Question 35	Importance que le parc soit un espace géré.
Les animaux appartenant au parc : représentation de symbolique de la nature. Tandis que la personne montre un mépris pour la présence canine dans le parc. « *Les chiens, c'est des animaux rapportés. J'aime les animaux où c'est leurs lieux de vie.* »	Question 38 et 39	
L'eau est associée à la symbolique du calme. « *ça symbolise le calme.* »	Question 45	Le parc une nature symbolique. On véhicule l'idée de la nature.
La nature comme fonctionnelle. L'ombre du couvert végétal à une fonction utilitaire. En même temps attraction pour la végétation et l'eau.	Question 47	Forte attraction chez tous les répondants pour les éléments aquatiques et le couvert végétal.
Le contact au couvert végétal permet de se confronter à un rapport organique, qui sort de l'expérience commune à l'urbanité. « *C'est quelque chose qui n'est pas régulier, qui n'est pas artificiel.* »	Question 48	La nature du parc comme moyen de rompre avec l'environnement urbain artificiel.

Données complémentaires : prise de photos, usager 3

Photo 1

« Ce qui est un petit peu drôle c'est que là, où on a choisi de s'assoir, en fait, c'est là, où je viens à chaque fois. En fait, ce qui a, je me suis aperçu, quand j'ai fini mon parcours et que je suis arrivé, j'étais à 50 m plus loin et j'entendais la fontaine, le bruit de la fontaine et en fait il y a un bruit familier, et là je sais que j'arrive à mon endroit. C'est comme si c'était mon endroit et le son renvoyait un peu à cette appropriation de l'espace. »

Thèmes émergents : appropriation de l'espace au travers de la sensorialité. Habitudes et routines spatiales.

Photo 2

« En fait, le bassin et surtout c'est là où il y a les concerts l'été. Là, où il y a les projections de cinéma, donc c'est surtout ça. Des fois je ne venais pas régulièrement. C'est surtout le fait que là où je suis, là où je m'assois quand il y a des concerts, quand ça débute tôt l'après-midi vers 17h, comme moi je viens après le travail, vers 18 h. Quand je viens pour travailler et m'installer ici, j'ai toujours un bruit de fond qui est à la fois la fontaine et les concerts, quand il y a de la musique ou des shows. Ça fait comme un fond sonore, un fond visuel qui est toujours là. En fait, ça me rappelle là où je viens, pas le parc en soi. Mais là où je viens, là où je suis dans le parc en fait. »

Thèmes émergents : l'ambiance du parc comme faisant partie des habitudes spatiales. Le parc approprié selon son ambiance.

Photo 3

« Là, les canards. C'est drôle, car à chaque fois que je suis assis sur le bord, ils montent sur le trottoir et souvent il y a des gens qui passent, les vélos qui passent, et à chaque fois qu'il y a les gens ou les vélos, ils descendent tous et une fois que le vélo passé, ils remontent. C'est drôle, c'est juste pour le fun, je trouve ça assez drôle en fait. »

Thèmes émergents : la faune du parc comme distrayante.

Photo 4

« Si tu regardes, en fait il y a un virage, puis il y a un autre côté du bassin et ça, c'est comme en fait une zone morte. Je ne sais pas ce que c'est exactement, on dirait que c'est un spot, il y a un observatoire, il y a des gens qui peuvent venir, mais il n'y a jamais personne en fait. Tu sais, c'est mort... En fait, ce qui est vraiment bizarre dans ce parc, parce qu'il y a des bâtiments et ça c'est un peu drôle, car normalement dans un parc il n'y a pas de bâtiments, c'est que de la nature, ou de la verdure, ou des arbres, mais là, il y a des bâtiments, puis ça fait comme une verrue qui est au milieu et tu te demandes ce que ça fait là. Quand j'arrive au pont, à droite j'ai ça et à gauche j'ai la fontaine, alors je suis beaucoup plus attiré par le côté de la fontaine que ce côté-là, tu sais. Tu vois là, c'est vraiment mon côté en opposition à l'autre côté, tu vois il y a quelque chose qui se passe. Il y a un chemin, il y a les gens, il y a la fontaine. Si tu avances à la photo d'après, il y a le théâtre que je te disais. Tu vois c'est mon côté, l'autre j'y vais presque jamais. »

Thèmes émergents : Identification du parc selon les éléments le composant.

Photo 5

« Là, on remonte le chemin. En fait, on remonte vers la rue Napoléon et la rue du parc La Fontaine, qui est en fait l'endroit où j'arrive, c'est comme je te dis, j'ai fait le chemin inverse en fait. Comme si finalement je rentrais chez moi. »

Thèmes émergents : Habitudes spatiales.

Photo 6

« Là je continue mon chemin, je suis vraiment, en fait je me suis tourné, j'ai passé la piste cyclable et là, c'est la vue que j'ai quand j'arrive, je me suis retourné pour arriver à l'entrée du parc. »

Thèmes émergents : Routine spatiale.

Photo 7

« Celle-là et la suivante, c'est la même... en fait, j'ai regardé à droite et à gauche. Tu vois, il y a une piste cyclable quand tu arrives au parc, qui fait tout le périmètre et ça, c'est un peu bizarre, t'as comme la ville, t'as les bâtiments et les habitations, t'as une double voie de circulation, puis après t'as le parc, ça fait comme une accumulation de frontières, de lignes droites avant de rentrer dans le parc, puis c'est ces lignes droites qui sont un peu surprenantes. »

Thèmes émergents : La structure urbaine opposée à l'espace du parc.

Photo 8

« Tu vois t'as vraiment une perspective, t'as vraiment une frontière. C'est vraiment ça comme des limites qui viennent séparées. Puis après t'as un passage piéton tu sais, mais après c'est pareil sur toute la longueur, puis tu vois la nuit quand tu as accès au parc, t'as des contraventions si tu traverses le parc à une certaine heure. Là, quand je rentre chez moi ou je rentre de soirées, quand je suis en centre-ville et que je remonte, je suis obligé de passer par la périphérie, c'est un peu chiant, car des fois tu aurais envie de couper, mais aussi, car c'est plus agréable de passer par le parc, mais le parc est sombre la nuit et j'aime pas trop ça, mais le fait qu'il y est des trottoirs et la lumière, je reste en fait sur les côtés, sur les frontières, mais les frontières extérieures, pas intérieures. »

Thème émergent : Séparation entre le parc et la ville.

Photo 9

« Alors ça, c'est le côté que je ne fréquente pas trop, mais comme j'ai envie de me balader avant de rentrer, c'est par là que je passe, avant de faire mes courses, par l'autre bassin en fait. C'est juste un passage, c'est juste quand j'ai envie de prolonger ma présence dans le parc, je passe par-là. C'est comme je pourrais ressortir plus vite, comme le point d'entrée que je t'ai montré, mais des fois j'ai envie de prolonger ma présence dans le parc, cette zone je n'y vais pas nécessairement, je fais que passer. »

Thème émergent : habitudes dans l'investissement du parc et il est relatif aux besoins et goûts de l'usager.

Photo 10

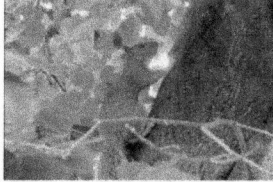

« En fait, c'est un peu l'animation quand je suis ici, c'est les canards et les écureuils, tu vois. C'est bizarre autant t'as des pigeons, des goélands, mais ce n'est pas trop mon truc, c'est vraiment les canards et les écureuils, j'ai vraiment pris une coupe de photos. Là, ils ne sont vraiment pas peureux, moi je trouve ça le fun, c'est rigolo, en même temps je n'ai pas trop l'occasion de fréquenter le parc l'hiver, t'as pas trop d'écureuils non plus. Avant j'étais au parc Jarry, mais je trouve que c'est le fun, c'est marrant, c'est sure que ça ajoute une note, c'est toujours rigolo, puis après c'est sure tu y attaches plus d'affection qu'un oiseau, tu peux leurs donner à manger. Tout à l'heure, je suis passé et il y avait un écureuil qui est carrément venu prendre à manger dans la main d'une jeune femme, d'ailleurs je crois que je l'ai pris en photo. »

Thème émergent : Assimilation de la faune à l'idée de nature.

Photo 11

« En fait, je continue mon chemin, je fais que passer en fait. Ce que j'ai remarqué aussi, c'est que j'accorde moins d'importance aux détails, c'est plus les perspectives qui m'intéressent. Par contre quand tu es posé ton regard se porte pas sur les mêmes choses, c'est plus ce qui est autour de toi, mais quand tu marches c'est vraiment les perspectives, c'est ça. »

Thème émergent : sensorialité marquée par la vision.

Photo 12

« Alors ça, c'est bizarre, c'est comme je te disais, il y a des bâtiments dans le parc. J'ai un peu de mal, tu vas voir la photo d'après c'est des voitures, la photo d'après c'est encore un hôpital, ça te rappel la ville, alors que tu es dans un espace de nature, c'est comme je te dis c'est un peu dérangeant, t'as pleins de voitures, t'as pleins de parkings. »

Thèmes émergents : association des éléments architecturés à la ville. Parc symbolisé comme nature. Dépréciation des codes urbains dans le parc.

Photo 13

« Alors là, t'as vraiment une ambiance de parc, t'as des petites tables, t'as des gens qui jouent, ça, c'est agréable. Des fois tu passes, tu regardes, je ne m'arrête pas trop, mais des fois t'as des gens qui s'arrêtent, il y a des groupes qui viennent s'amuser. »

Thème émergent : Le parc comme un espace social.

Photo 14

« Là c'est pareil, c'est l'ambiance de groupes, moi généralement quand je viens, moi j'aime ça, tu viens à deux pour discuter, mais pas trop les activités, tout ce qui a là-bas finalement, tu vas voir la pétanque. »

Thème émergent : Le parc approprié selon les secteurs d'activités.

Photo 15

« Un écureuil, là comme je te dis ils ne sont vraiment pas timides, là je ne suis même pas à un mètre. »

Thème émergent : le parc identifié à travers de sa faune.

Photo 16

« Le terrain de baseball, tu sais nous en France, on n'a pas de baseball, puis on ne voit pas aussi, mais il y a des tennis, c'est vraiment la partie où je vais jamais. J'y passe, ça m'arrive de m'arrêter 5-10 minutes, je regarde, c'est sympa de regarder les gens jouer, mais pour moi c'est pas ma zone du parc. »

Thèmes émergents : Le parc est investi selon les besoins de l'usager. Besoin d'observer les autres usagers dans leurs pratiques.

Photo 17

« Là en fait, je sens que j'ai plus rien à faire là-bas, je fais que passer et là j'ai comme envie de revenir, je coupe un peu. »

Thème émergent : l'expérience est caractérisée par des habitudes et les activités pouvant être pratiquées selon l'espace.

Photo 18

« Là c'est pareil, le bâtiment qui est en plein milieu du parc et on ne sait pas ce qui fait là, tu sais. Je n'ai même pas regardé à quoi il servait, mais tu te demandes ce qui fait là, puis après c'est pareil tu as encore un parking. »

Thème émergent : Désaccord avec les éléments architecturés rappelant la ville.

Photo 19

« Tu vois t'as des arbres, t'as tout, puis au milieu t'as un bâtiment, c'est vraiment… C'est quelque chose que je ne comprends pas trop. »

Thème émergent : Refus de la présence de références urbaines dans le parc.

Photo 20

« Ça, c'est les parkings... »

Thème émergent : refus des codes urbains.

Photo 21

« Après en fait, j'ai coupé, j'ai pris les chemins et les pelouses, je marchais plus trop sur les chemins, je revenais vers mon spot. »

Thème émergent : habitudes spatiales.

Photo 22

« Ça c'est sympa aussi, car des fois t'as des gens qui s'arrêtent et jouent de la guitare, ça c'est un truc que j'apprécie, ça met une animation, un bruit de fond en fait. C'est bizarre, car à la fois tu viens rechercher le calme pour te poser, mais tu viens aussi rechercher une ambiance, il y a quand même besoin de bruits, s'il y a pas de bruit du tout... Comme le bassin d'à côté, où il y a quand même beaucoup moins de bruits, j'aime moins. Il y a un manque d'animation, tu sais. Et même si je viens chercher le calme, je veux une animation, alors des fois c'est un peu trop avec le truc en face, le truc des concerts, c'est un peu ça. »

Thème émergent : Le parc un espace de socialisation indirect.

Photo 23

« Là, c'est comme je te disais à 50 m derrière, j'entendais le bruit et là t'as la fontaine, j'arrive là, t'as la fontaine, j'arrive là sur mon territoire, là où je viens. »

Thème émergent : appropriation spatiale liée aux habitudes et à l'expérience sensorielle.

V- Entretien nº 4

Lieu de passation : Le parc La Fontaine
Durée de l'entretien : Environ une demi-heure
Situation de l'entretien : Le 17.09.08 à 17 h 30
Âge du répondant : 35 ans
Nationalité : Mexicaine
Situation et condition de l'entretien : Assis sur la pelouse en face du bassin.

Résumé :

Il fait un temps nuageux, l'air s'est refroidi par rapport à l'entretien précèdent, ce qui à entraîner une désertion du parc, il s'est clairement vidé de sa population, seules quelques personnes sont encore assises sur les bancs et le gazon.

Premières impressions - remarques :

Le répondant ne semble pas très à l'aise. L'ambiance du parc semble différente de tout à l'heure, le départ des gens a changé l'atmosphère du parc. On peut voir que la dynamique sociale sur l'atmosphère du parc.

1- La fréquentation du parc La Fontaine est-elle régulière?

« Oui. »

2- Et quand a-t-elle lieu?

« D'habitude le dimanche, j'aime venir me promener un peu, m'asseoir sur l'herbe... Tout le temps le dimanche. »

3- Y a-t-il des moments que tu préfères dans la journée?

« Moi, je préfère le soir, un peu plus proche de 5 h »

4- Pourquoi ce moment là de la journée?

« Parce que le soleil tape pas si fort, quand c'est l'été et il y a moins de monde aussi, c'est plus relaxant. »

5- As-tu le même rythme de fréquentation selon les saisons?

« Non, l'hiver, dés fois je fais seulement du patinage, mais c'est tout. »

6- Tu fréquentes donc plus le parc pour la promenade durant l'été, automne, printemps et l'hiver c'est plus pour une activité sportive (patinage)?

« Oui c'est ça. »

7- Ce parc est le seul que tu fréquentes à Montréal?

« Oui, car c'est vraiment proche de chez moi et j'aime bien ce parc. »

8- Occasionnellement vas-tu dans d'autres parcs?

« Oui des fois, je vais au parc Mont-Royal, mais pour faire de la course seulement. »

9- Ce n'est pas le même type d'activités que tu fais au parc La Fontaine et au Mont-Royal?

« Non, non. »

10- As-tu accès à d'autres types d'espaces verts (jardins, campagne)?

« Non. »

11- Donc, venir dans ce parc est important pour toi?

« Oui, oui c'est le contact avec la nature. »

12- Qu'est ce que tu entends par contact avec la nature?

« Moi, personnellement comme je viens du Mexique, au Mexique, on a un bon climat toute l'année, c'est une activité qu'on ne fait pas aller au parc. On fait autre chose, mais aller au parc, c'est pas une chose qu'on fait d'habitude ici, comme les saisons changent beaucoup, l'hiver, le froid et tout ça, donc pour moi c'est profiter, quand il fait beau vraiment profiter de la nature et des espaces, c'est aussi ce que j'apprécie. »

13- Est-ce que ce parc t'inspire?

« J'aime beaucoup l'espace, j'aime aussi le gazon pour m'asseoir et regarder le ciel un petit peu. C'est vraiment très relaxant. »

14- On peut dire que c'est un moment où tu te retrouves en contact avec la nature?

« Oui c'est ça. »

15- Qu'est-ce de venir ici t'apporte dans ton quotidien?

« Je me sens bien, car quand je viens dans le parc, ça veut dire qu'il fait beau donc je me sens heureux (rire). Je vais pouvoir sortir, je profite du moment beaucoup plus. Le moment où tu profites le plus, c'est le printemps où il commence à faire beau que la neige a disparu et le premier dimanche où je vais pouvoir venir, ici même si des fois c'est encore un petit peu frais, mais quand le soleil est dans ta face et l'effet que ça procure, c'est une sensation nouvelle pour moi, mais j'aime bien. »

16- Quelque part, ça te permet une coupure avec l'hiver?

« Oui, oui c'est ça. »

17- Te rends-tu au parc avec une humeur particulière?

« Je vais au parc, car je crois que c'est parce que je suis content. »

18- As-tu un rituel particulier dans le parc?

« Oui je m'assois toujours dans le même endroit, c'est parce que c'est agaçant, le soleil est pas trop fort. Je marche toujours le même chemin entre ici et chez moi, c'est ça. »

19- As-tu des anecdotes au sein de ce parc?

« J'ai des souvenirs, par exemple moi j'aime faire de la course et il y a une course ici, c'est la course du parc La Fontaine, c'est à la fin octobre, donc c'est comme la fin de la saison du parc. Pour moi c'est comme un espèce de rituel, un bon souvenir. Je fais la course, à peu près 10 km et après ça c'est la dernière fois que je viens au parc (rire). »

20- C'est la clôture de la saison?

« Oui, c'est ça. »

21- Restes-tu longtemps dans le parc?

« Oui, des fois oui, même des fois j'apporte des choses à manger, je mange ici au parc. Dés fois c'est beaucoup de temps, ça peut-être 4 h. »

22- Quelle est la raison qui te pousse à venir quotidiennement dans le parc?

« Je pense que c'est aussi une façon de me relaxer après le travail. Pour moi au début, c'est faire une chose différente, le contact avec la nature et me relaxer aussi. »

23- Quelle est ta saison préférée dans le parc?

« Je pense que c'est le printemps. J'aime bien, il y a moins de monde, c'est frais un peu, mais c'est bien. J'aime bien le printemps. »

24- Que fais-tu quand t'es dans le parc?

« Des fois je me promène, des fois je lis un livre, des fois je regarde seulement les gens qui passent. »

25- Pratiques-tu toujours le parc à pied ou as-tu d'autres moyens?

« Oui, oui des fois je vais au canal Lachine pour faire du vélo et je reviens et je me repose au parc d'avoir fait du vélo. Des fois, on vient ici pour la course, on vient ici courir. Des fois je viens seul, des fois je viens avec des amis donc ça change. »

26- As-tu différentes activités dans le parc?

« Je me promène, mais je pratique aussi des activités sportives comme la course. J'utilise la piste cyclable aussi. Il y a aussi le cours de tennis, mais je ne l'ai jamais utilisé, un ami m'a invité, mais je n'ai pas eu la chance de l'essayer. »

27- Comment se déroule le moment où t'es dans le parc?

« D'habitude, je viens, je marche un peu, je regarde un peu le monde et après je m'assois. »

28- Où préfères-tu t'installer dans le parc?

« Dans un petit coin sur le gazon, dans le secteur de la fontaine. J'aime le bruit de l'eau en fait. »

29- Qu'est-ce qui te rend heureux quand tu es au parc?

« Je pense que c'est regarder les gens, c'est une activité que j'aime bien. Regarder ce que les gens font, les gens qui se promènent, les enfants. Pleins, pleins de choses. »

30- Comment tu te situes par rapport aux autres justement dans le parc?

« Je suis vraiment un observateur. »

31- Pourquoi cette position?

« Parce que je me sens mieux, en observant qu'en faisant les activités. »

32- As-tu déjà rencontré des gens dans le parc?

« Non je pense pas, je pense que… dés fois ça m'arrive que je viens ici, et de rencontrer des amis, mais c'est des amis que je connais déjà, donc on se rencontre au parc. Mais de rencontrer quelqu'un de nouveau, non. »

33- Qu'est-ce qui t'attire dans ce parc?

« Moi je pense que c'est un beau parc, parce qu'il est vraiment propre, ils travaillent bien pour le maintenir, il est bien arrangé. Je sais pas j'ai fréquenté plusieurs parcs à Montréal et c'est un, c'est le parc que j'aime le plus, je sais pas. Il y a plein de choses, il y a la végétation, la fontaine, il y a l'endroit pour les enfants, pour jouer. Il y a tout plein d'endroits. »

34- La dimension du parc est-elle importante pour toi?

« Je pense que c'est assez grand, mais c'est pas comme le parc Maisonneuve, que c'est beaucoup plus grand, mais où je trouve qu'il n'y a pas de zone particulière. Ça donne pas le même effet qu'être ici. Ici c'est que ça me semble plus humain. »

35- L'endroit que tu préfères ici?

« Oui, c'est autour de la fontaine. »

36- Qu'est-ce que ça t'inspire?

« Je pense que c'est la fontaine qui m'attire, je sais pas (rire). J'aime beaucoup l'eau, ça se peut que ça soit à cause de ça. »

37- Est-ce que le parc par rapport à la ville et ton quotidien c'est important?

« Moi, essentiellement je pense que ça me donne la chance du contact avec la nature, c'est une chose, je travaille en centre-ville et il y a beaucoup d'autos et ce n'est pas vraiment naturel là-bas. Moi c'est d'avoir le contact... La végétation, c'est une chose importante chez moi et donc c'est ça qui m'apporte. Ça m'apporte l'important de la nature. Dans une ville assez grande comme Montréal, c'est toujours important d'avoir des espaces verts pour profiter, parce que c'est facile de toujours oublier que tu es dans une ville, les rues et des fois tu oublies que le monde c'est pas comme ça. Une ville sans parc ce serait horrible. On a besoin de ça, on a besoin d'endroit pour nous relaxer. Je pense que c'est vraiment important. »

38- De venir ici, c'est plus, car c'est pratique comme tu habites pas loin ou c'est parce que tu aimes ce parc?

« Je pense que ça vient parce que j'habite près d'ici aussi. Si j'habitais plus loin, je viendrais, mais je pense que ce serait moins souvent. »

39- Préfères-tu t'asseoir sur les bancs ou dans l'herbe?

« Je préfère sur l'herbe, mais ça dépend aussi, quand il pleut beaucoup, on peut pas aller sur l'herbe. »

40- Pourquoi cette préférence pour le gazon?

« C'est le contact avec la terre. Je sais pas, j'ai la manie de toucher toujours l'herbe, ça me détend. »

41- La présence animale est-elle importante pour toi?

« Non ça, c'est très important, chaque fois il y a de plus en plus de canards et au printemps il commence à y avoir les bébés canards, c'est joli. »

42- L'aménagement du parc est-il en adéquation avec tes activités?

« Je le trouve super bien, il y a toujours du monde qui surveille que tout soit propre. C'est vraiment important. »

43- Y a-t-il quelque chose qui te déplaît dans le parc?

« Non, pas vraiment. »

44- Quand tu te déplaces dans le parc, tu utilises les sentiers?

« Je me déplace toujours sur le sentier, je ne sais pas, je pense que si tu te déplaces beaucoup sur l'herbe, ça fait du mal à l'herbe. Je préfère marcher sur les sentiers. »

45- Quand tu te déplaces as-tu un parcours particulier?

« J'aime plus en bas à côté de l'eau parce c'est plus un contact avec l'eau et la nature. Quand tu es en haut, il y a beaucoup de trafic des fois. J'aime m'isoler du rythme de la ville, c'est drôle ça change. Tu es en haut, le point de vue est différent. »

46- Prêtes-tu attention aux bruits et odeurs du parc?

« Je pense qu'avec le bruit de la fontaine, ce bruit cache d'autres bruits, donc c'est bien, j'aime bien ça aussi. Je n'aimerais pas que ce soit trop bruyant. Il y a plein de circulation par exemple sur la rue Rachel et on l'entend pas. L'élément eau, ça change beaucoup, je trouve que c'est une particularité du parc avoir une fontaine de la façon où c'est fait ici et en plus que l'hiver, tu peux le geler pour une patinoire, ça c'est une bonne chose aussi, comme ça tu peux profiter du parc même l'hiver, puis ça prend pas longtemps de sortir marcher dans le froid. »

47- Prêtes-tu attention à la végétation (arbres, fleurs, etc.)?

« Pas beaucoup les fleurs, mais les arbres, oui. J'aime beaucoup, car ici je sais quand il y a les feuilles et que quand les feuilles ont disparu, j'aime beaucoup quand tout est vert, c'est une façon aussi d'apprécier la nature, puis le jour où les feuilles vont tomber ça sera seulement les branches. Je pense que c'est aussi ça de profiter de la verdure c'est un moyen de ce rendre compte des saisons, quand les arbres commencent à changer les couleurs, c'est que l'hiver se rapproche même s'il fait beau. »

48- Qu'est-ce que tu rajouterais au parc si tu pouvais?

« Moi je trouve que c'est bien, car je fais différentes activités et j'ai aucun problème à le faire. Tu peux faire du vélo, il y a une piste, tu peux courir aussi, tu peux marcher, te promener, il y a des toilettes, tout est très bien. Dés fois, si tu veux acheter quelque chose de l'eau, il n'y a pas vraiment un endroit, où tu peux acheter ça, ça serait bien d'avoir un truc comme ça. »

49- Est-ce que tu attaches une importance à l'histoire de ce parc?

« Moi je pense que c'est plus le vécu, ça fait déjà 4 ans que j'habite à Montréal et ça fait plus de 3 ans que j'habite sur le « Plateau» et donc je commence à avoir une histoire dans le parc. Il y a des choses que je me rappelle : ah t'as vu ça ou j'ai fait ci... Ça, c'est important pour moi, il fait partie de mon histoire à Montréal au Canada, ici au Québec. »

50- Accèdes-tu toujours par les mêmes endroits?

« Oui, c'est toujours par la rue Rachel. »

51- Trouves-tu les accès pratiques?

« Oui parce que même des fois quand tu marches, je peux marcher sur la rue Duluth, c'est facile d'y accéder. »

Grille d'analyse, entretien nº 4

Thème : quotidienneté et routine	Questions	Thèmes émergents
La fréquentation du parc est régulière.	Question 1	
La personne a l'habitude de venir le dimanche et l'expérience se passe au travers d'une routine. « *J'aime venir me promener un peu, m'asseoir sur l'herbe, tous les dimanches.* »	Question 2	La pratique du parc devient une routine dans la vie ou le quotidien urbain.
Routine dans l'expérience. « *Je m'assois toujours au même endroit. (...) Je marche toujours le même chemin entre ici et chez moi.* »	Question 18	Routine et habitude de l'expérience.
L'expérience du parc pour rompre avec la routine de la vie en ville. « *Je pense que c'est aussi une façon de me relaxer après le travail. Pour moi, au début, c'est faire une chose différente, le contact avec la nature et me relaxer.* »	Question 22	La nature dans la vie amène un rythme différent, permet le processus de relaxation.
Routine dans la pratique. « *Je marche un peu, je regarde un peu le monde et après je m'assois.* »	Question 27	Variété de pratiques dans le parc.
Le parc comme un moyen d'être en contact avec la nature et en même temps d'être en rupture avec le quotidien urbain. « *Moi essentiellement je pense que ça me donne la chance du contact avec la nature, c'est une chose, je travaille en centre-ville et il y a beaucoup d'autos et c'est une chose importante chez moi et, donc c'est ça qui m'apporte, ça m'apporte l'important de la nature.* »	Question 37	Le parc comme l'essentiel de la nature en ville.
La quotidienneté de l'expérience du parc engendre une histoire personnelle qui lui même crée l'attachement. « *J'habite à Montréal et ça fait plus de 3 ans que j'habite sur le Plateau, et donc je commence à avoir une histoire dans le parc.* »	Question 49	Le parc fait partie du cadre de vie quotidien.
Quotidienneté dans l'accession. « *C'est toujours par la rue Rachel.* »	Question 50	Habitude spatiale.

Thème : Pratiques et usages	Questions	Thèmes émergents
Fréquente le parc, car il se situe à proximité de son lieu de vie. « *C'est vraiment proche de chez moi.* »	Question 7	Proximité d'habitat.
Il fréquente d'autres parcs, mais davantage dans un but précis tel que le loisir sportif. « *Des fois, je vais au parc du Mont-Royal, mais pour faire de la*	Question 8 et 9	La pratique du parc dépend de sa structure et de son aménagement.

course seulement. »		
La pratique du parc comme un moment de bonheur donnant la joie. *« Je vais au parc, parce que je crois que je suis content. »*	Question 17	La pratique du parc comme une expérience heureuse.
Les activités évènementielles qui se déroulent dans le parc sont des éléments entrant dans un rituel temporel. *« Il y a une course ici, c'est la course du parc La Fontaine. C'est à la fin octobre, donc c'est comme la fin de la saison du parc. Pour moi, c'est un rituel, un bon souvenir. »*	Question 19 et 20	Activités du parc sont associées aux saisons.
La pratique du parc est relativement importante. *« J'apporte des choses à manger. Je mange ici au parc. Dés fois, c'est beaucoup de temps, ça peut être 4 h »*	Question 21	Temps important accordé à l'expérience.
La pratique du parc est encore une fois ancrée dans une pratique intimiste et contemplative. *« Des fois, je lis un livre des fois, je regarde seulement les gens qui passent. »*	Question 24	Le parc favorise une pratique intimiste.
Il pratique aussi le parc à vélo et pour la course à pied. On voit que lorsqu'il est à vélo ou en course à pied, le parc devient une pause dans un parcours, on n'a pas la dimension d'introspection. *« Je vais au canal Lachine pour faire du vélo et je reviens et je me repose au parc d'avoir fait du vélo. Des fois, on vient ici, pour la course. »* Cette personne est un des seuls répondants qui a une expérience du parc dans plusieurs dynamiques.	Question 25 et 26	Variétés de pratiques dans l'expérience.
Fréquente le parc, car il vit à proximité. *« Je pense que ça vient parce que j'habite près d'ici aussi. Si j'habitais plus loin, je viendrais, mais je pense que ce serait moins souvent. »*	Question 38	Proximité d'habitat.

Thème : sensibilité et sensorialité	Questions	Thèmes émergents
On voit que la sensibilité et la sensorialité passent par un ancrage visuel et contemplatif. *« J'aime beaucoup l'espace, j'aime le gazon, pour m'asseoir et regarder le ciel, un petit peu. C'est vraiment relaxant. »*	Question 13 et 14	L'approche contemplative comme relaxante.
L'expérience du parc est associée à un moment de bonheur et de joie. *« Je me sens bien quand je viens au parc, ça veut dire qu'il fait beau donc je me sens heureux. Je vais pouvoir sortir, je profite du moment beaucoup plus. Le moment où tu profites le plus, c'est le printemps où il commence à faire beau que la neige à disparu et le premier dimanche où je vais pouvoir venir ici, même si des*	Question 15 et 16	Expérience du parc pour profiter des manifestations naturelles.

fois, il fait encore un peu frais, mais quand le soleil est dans ta face et l'effet que ça procure, c'est une sensation nouvelle pour moi, mais j'aime bien. »		
L'usager est sensible au bruit de l'eau, ce qui lui fait préférer un emplacement proche de la fontaine. « Dans un petit coin sur le gazon, dans le secteur de la fontaine, j'aime le bruit de l'eau en fait. »	Question 28	Importance de l'eau et de la fontaine.
Aime se positionner dans l'herbe, car cela lui permet un rapport tactile. « Je préfère l'herbe. (...) C'est le contact avec la terre, j'ai la manie de toucher l'herbe, ça me détend. »	Question 39 et 40	Polysensorialité de l'expérience.
Le bruit du parc venant couvrir l'environnement sonore de la ville. « Le bruit de la fontaine, se bruit cache d'autres bruits. »	Question 46	Rupture de l'environnement sonore de la ville par rapport à celui du parc. Polysensorialité de l'expérience.
L'appréciation de la nature reste associée à la couleur verte. « J'aime beaucoup, quand tout est vert. »	Question 47	Ancrage visuel. Dominance du visuel.

Thème : La temporalité	Questions	Thèmes émergents
On voit que durant les saisons printemps, été, automne la personne fréquente le parc dans une dynamique plus contemplative, tandis que la pratique hivernale se fait au travers du loisir récréatif avec le patinage. « Je fais seulement du patinage. »	Question 5 et 6	Les manifestations saisonnières influent sur la manière de pratiquer le parc.
L'usager a une préférence pour le printemps, car l'achalandage du parc est moins dense. « Je pense que c'est le printemps. J'aime bien, il y a moins de monde. »	Question 23	On voit que la pratique du parc dans un mode contemplatif chez tous les répondants, jusqu'à présent a été marquée par le besoin de se retrouver dans un espace pas trop achalandé. On voit une dynamique sociale, mais avec une certaine (cf. Hall, 1966 — distance proximale)

Thème : l'aménagement comme type de nature.	Questions	Thèmes émergents
Attraction pour la fontaine.	Question 35	Importance des éléments présents dans l'espace du parc.
La fontaine est associée à la nature du parc. « Je pense que c'est la fontaine qui m'attire. J'aime beaucoup l'eau, ça se peut que ça soit à cause de ça. »	Question 36	Le parc est associé à une certaine idée de nature.
Les éléments du parc comme permettant diverses fonctions selon les saisons. « L'élément eau, ça change beaucoup. Je trouve que c'est une particularité du parc, avoir une fontaine de la façon où c'est fait ici. Et en plus	Question 46	Adapter les activités selon les saisons.

l'hiver, tu peux la geler pour une patinoire. »		
La personne est satisfaite de l'aménagement, car on peut y pratiquer différents types d'activités. « *Je trouve que c'est bien, car je fais différentes activités.* »	Question 48	Variétés de l'expérience du parc.
Le parc comme très perméable depuis la ville.	Question 51	Facilité d'accès.

Thème : le parc comme un espace de socialisation	Questions	Thèmes émergents
Le répondant aime pratiquer le parc quand il n'y a pas trop de monde, c'est aussi pour cela qu'il préfère y venir en fin de journée. « *Il y a moins de monde aussi, c'est plus relaxant.* »	Question 4	L'expérience est en relation avec l'environnement social du parc selon les moments de la journée.
Dimension sociale marquée dans une posture d'observateur et contemplative. « *Regarder les gens, c'est une activité que j'aime bien. Regarder ce qu'ils font, les gens qui se promènent, les enfants.* »	Question 29 et 30	L'observation des gens est exprimée comme un besoin.
Préfère être observateur. « *Je me sens mieux en observant qu'en faisant des activités.* »	Question 31	Besoin de distance sociale dans le parc, tout en étant proche.
N'a jamais lié d'amitié au parc. Il lui arrive de s'y rendre avec des amis.	Question 32	Distance proximale.

Thème : la nature du parc	Questions	Thèmes émergents
Goût pour une expérience se déroulant en fin d'après-midi (vers 5 h). Cela s'explique, car le répondant préfère profiter du soleil, quand il est moins fort, il trouve ça plus relaxant. « *Parce que le soleil tape fort, quand c'est l'été.* »	Question 3 et 4	Le parc est aussi un moyen de se confronter aux manifestations naturelles tel que le climat.
L'usager n'a pas d'autre accès à la nature que le parc, c'est donc pour lui un substitut de nature tel que la campagne. « *C'est le contact avec la nature.* »	Question 10 et 11	Le parc un substitut physique de la nature pour les populations urbaines qui n'ont pas accès à d'autres types de nature plus vaste. Notons que la nature est aussi un substitut symbolique, un espace véhiculant l'idée de nature.
Le répondant est d'origine mexicaine et souligne le fait que se rendre au parc n'est pas habituel dans la mesure où il y a un climat tempéré toute l'année. « *Au Mexique, on a un bon climat toute l'année, c'est une activité qu'on ne fait pas aller au parc.* » Il est intéressant de voir que cette personne associe l'expérience du parc au climat. De plus, on voit un besoin de	Question 12	On voit encore une fois que la reconnaissance du parc est liée à l'environnement naturel présent sur le territoire québécois.

contact avec la nature, pour contre balancer la rudesse du climat. « *Ici, comme les saisons changent beaucoup, l'hiver, le froid, tout ça. Donc pour moi, c'est profiter, quand il fait beau, vraiment profiter de la nature et de l'espace.* »		
Apprécie la nature du parc, car elle est propre à son goût. « *C'est un beau parc, parce qu'il est vraiment propre, ils travaillent bien pour le maintenir, il est bien arrangé.* » La beauté est associée à la propreté.	Question 33	Le parc une nature aseptisée.
Au travers de la faune (notamment les canards) contemplation de la vie. « *Au printemps, il commence à y avoir les bébés canards, c'est joli.* »	Question 41	Importance de la faune dans l'expérience du parc.
L'usager apprécie vraiment le parc pour sa propreté. « *Je trouve ça super bien. Il y a toujours du monde qui surveille que tout soit propre.* »	Question 42	
Se déplace sur les sentiers, car ne veut pas abîmer l'herbe. « *Je me déplace toujours sur les sentiers. Je pense que si tu te déplaces beaucoup sur l'herbe, ça fait mal à l'herbe.* »	Question 44	
Importance du couvert végétal, car permet d'apprécier la nature. Mais cela lui permet aussi de percevoir les saisons, contact avec la nature physique. « *Les arbres, j'aime beaucoup, car ici, je sais quand il y a les feuilles et quant que quand les feuilles ont disparu.* »	Question 47	Les éléments du parc comme moyen d'accéder à la réalité des manifestations naturelles.

VI- Entretien nº 5

Lieu de passation : Le parc La Fontaine
Durée de l'entretien : Environ une demi-heure
Situation de l'entretien : 16 h, le 18.09.08
Âge répondant : 26 ans
Nationalité : Québécoise
Situation et conditions de l'entretien :

Assis sur la pelouse en face du bassin (côté ouest du bassin). Le parc est calme, peu de gens, quelques personnes sur les bancs. Il fait beau temps avec un peu de vent. On entend en arrière-fond le cri des goélands.

Résumé :

On est assis du côté de l'école, dans le gazon, prés du chemin qui longe l'école. On est assis au soleil, sur la pente entre les deux chemins. Nous sommes arrivés par les terrains de sport. Quelques personnes font de la course à pied, des personnes promenant des chiens et quelques personnes en fauteuil roulant.

Premières impressions/remarques :

Un certain nombre de gens sont assis sur les bancs (plus que sur les pelouses). On peut expliquer cela, car a cet endroit les pelouses sont très en pente d'où la présence plus importante de gens autour du bassin, sur les bancs.

1- La fréquentation du parc pour toi est-elle régulière?

« Heuheu, ben oui, pas à pied, mais en vélo, je le traverse presque à tous les jours pour aller travailler. »

2- Fais-tu exprès de prendre le chemin du parc pour te rendre au boulot?

« Oui, j'ai différents chemins. Ben en fait, c'est le plus court, mais j'aime ça. Je trouve ça bien, puis des fois, je passe, je fais le tour par la piste cyclable, des fois je traverse par le pont, des fois j'arrive par ici (*coin-école sur la bute*). »

3- Donc c'est vraiment une volonté de passer par le parc quand tu vas au travail?

« Ben, c'est le chemin le plus court, puis c'est à la fois agréable. »

4- À quel moment de la journée tu y passes?

« Je passe vers trois heures moins le quart à peu près, l'après-midi, puis je reviens vers 11 h 30, 12 h »

5- Et tu passes dans le parc même la nuit?

« Oui. »

6- L'ambiance est différente?

« Ben il y a pas grand monde. La nuit en fait c'est surveillé, il y a souvent des voitures de la ville ou de police. »

7- Ça t'arrive de venir t'y poser, pas seulement le traverser?

« Non, pas vraiment. Ben, ça va arriver à l'occasion, je vais venir pique-niquer avec des amis ou tout ça. Mais toute seule, j'ai eu des mauvaises expériences, puis... Enfin des mauvaises expériences, presque tout le temps l'été passé, quand je venais toute seule au parc, il y avait tout le temps un con qui venait s'asseoir à côté de moi et qui commencer à me draguer, puis là ça m'a comme refroidie, du coup j'aime aussi bien m'asseoir sur ma terrasse que venir me faire emmerder. »

8- Tu passes au parc toutes les saisons?

« Ben l'hiver c'est fermé, les chemins, fait que moins, mais je passe quand même autour, je passe par-là. Des fois, je prends une petite marche (plus l'hiver). »

9- On peut dire que ton approche du parc change selon les saisons?

« L'hiver, j'utilise plus mon vélo, puis ben je pourrais (rire). Indépendamment là, ça dépend où dans l'hiver, quand c'est fermé, c'est sûr que je fais le tour, mais si c'est possible, je passe par le petit pont. »

10- Ce parc est-il le seul à Montréal que tu fréquentes?

« C'est celui que je fréquente le plus régulièrement, car je passe au travers pour aller au travail, mais des fois, je vais aussi au parc du Mont-Royal, puis il y a aussi le Jardin botanique. »

11- Par rapport à ces trois espaces, quelles sont les différences?

« Au Mont-Royal, puis au Jardin botanique, c'est plus une sortie, tu sais. Genre là, aujourd'hui je vais aller au Mont-Royal, ça va être une activité là, de monter une après-midi. Tandis que le parc La Fontaine c'est à côté de chez moi, alors c'est plus spontané, tu sais, je n'ai pas besoin de prendre une demi-journée pour aller au parc. »

12- Qu'est-ce qui te plaît au parc La Fontaine par rapport à d'autres parcs?

« Je trouve que c'est un parc qui est vraiment bien construit et j'aime beaucoup, heuheu, c'est pas si grand, mais l'espace est vraiment maximisé, t'as vraiment l'impression que c'est plus grand que ça l'est réellement. Il y a toutes sortes de petits recoins, tu sais, c'est vraiment un beau parc, puis avec l'eau, j'aime l'eau. C'est vraiment une source de calme et c'est agréable des fois, juste d'être à côté de cette étendue d'eau là, ça fait une pause, puis le fait que ce soit comme dans un creux, ça coupe le son des voitures, de la ville. C'est vraiment paisible et j'aime les arbres aussi, il y a toutes sortes de variétés d'arbres dans ce parc-là, je trouve ça agréable. »

13- As-tu accès à d'autres types de nature (campagne, etc.)?

« Ouais, ben pas si souvent que ça, pas aussi souvent que je le souhaiterais. Mais, j'ai une sœur qui habite à la campagne à une heure de Montréal, alors je peux y aller quand je veux, dans la mesure du possible, puis mes parents habitent aussi à la campagne. »

14- Quelle place occupe la fréquentation du parc dans ton quotidien?

« C'est sûr que c'est pas pareil que d'aller à la campagne, mais c'est comme un substitut, heuheu comment je pourrais dire ça, c'est comme de la survie. Tu vois, j'ai vraiment besoin de nature dans ma vie, puis faute d'y avoir accès, d'avoir les parcs, ça me permet de subsister, tu sais de… il y a pas la même énergie qu'à la campagne, mais il y a quand même les arbres, puis il y a du vert, de l'eau. »

15- Ce parc t'évoque-t-il des choses particulières?

« Ben ouais, c'est un parc dans lequel je me suis beaucoup promenée avec mon ex., qui adorait ce parc-ci. C'est pas nécessairement agréable tout le temps, des fois il y un peu de la nostalgie, les parcs, ça évoque toujours la tendresse, les amoureux et tout ça. Ça me fait m'ennuyer de ces beaux moments-là, de notre relation. Mis à part ça, non c'est pas mal ça. »

16- Est-ce que c'est un lieu qui t'inspire?

« Pas particulièrement, non… j'imagine que si je venais plus régulièrement que ça, je dis que je viens pas, car j'ai des mauvaises expériences, mais j'imagine il y a d'autres choses, car si ça me faisait vraiment du bien de venir au parc, je viendrais plus souvent. »

17- Le parc pour toi c'est un substitut de nature à la ville?

« Ouais. »

18- Quand t'y passes as-tu des émotions particulières ?

« Moi, comme j'y passe à tous les jours pas nécessairement, mais quand je viens pour me promener ou même des fois quand je sors du travail, quand j'arrive dans le parc ça fait comme ahahahahahhahhhh. Tu sais, je suis souvent stressée dans la ville et je cours partout, puis là des fois j'oublie de me poser et puis là, quand j'arrive au parc ça me rappelle : hé oh, là, ralentis un peu, prends le temps d'être là. Puis des fois ça me donne juste envie de m'arrêter, des fois je descends même de mon vélo. »

19- As-tu un rituel dans le parc?

« Non, c'est vraiment spontané. »

20- As-tu des anecdotes dans le parc?

« Ben comme je disais l'été dernier, je suis venue quand même plusieurs fois, puis il y avait un gas, toujours le même gas et peu importe où je m'assoyais dans le parc il me retrouver tout le temps et là il se mettait pas trop loin de moi et il me regardait du coin de l'œil et j'avais beau être dans mon truc, puis en plus ça aller pas bien avec mon copain. J'étais dans mes trucs et j'avais juste envie d'écrire mon journal, puis là, à un moment donné il me disait : hey as-tu le goût de fumer un joint (rire), heuuuu non pas vraiment. Ouais avec une bière, c'était vraiment lourd. Lourdo, mais à part ça d'autres anecdotes pas qui me viennent. »

21- Cela fait longtemps que tu fréquentes le parc?

« Surtout depuis que j'habite à Montréal, ça fait à peu près deux ans. »

22- As-tu toujours habité à proximité?

« Plus ou moins, j'ai toujours été comme sur le Plateau, fait que je connais toujours des gens qui habitent au tour ou pas loin, quand je vais dans un endroit ou un autre ben je passe par le parc pour y aller. C'est rare que je vais venir au parc juste pour le parc. Si j'ai le choix entre deux chemins et il y en a un qui passe par le parc, même si c'est un petit détour, je vais préférer passer par le parc. »

23- Quelle saison tu préfères par rapport au parc?

« Mmmmmm, heuuueueu, peut-être l'automne, puis le printemps. L'hiver s'est pas vraiment accessible, heuheu, puis l'été je trouve qu'il y a trop de monde, trop de m'as-tu-vu, il y a pas de place non plus. »

24- Qu'est-ce que tu fais dans le parc?

« Soit, je marche. Soit, je me pose dans le cas où ça m'arriverait, je vais lire, écrire. Je regarde un peu ce qui se passe autour aussi. »

25- Comment fréquentes-tu le parc?

« À pied et à vélo, je marche, puis je fais du vélo. »

26- Fais-tu des activités au sein du parc?

« Non. J'ai déjà fait un petit peu de jogging, mais pas dernièrement. »

27- Quand tu te poses comment se déroule ta présence?

« Ça dépend des moments, mais en général, soit heueu, il y a trois scénarios, je dirais : soit que je passe en vélo à travers le parc, soit je passe à pied à travers le parc, soit si je viens vraiment au parc pour y passer un moment, soit je me promène à pied, soit je vais m'asseoir et je viens m'asseoir de ce côté-ci du parc (proche de l'école). Entre ici et la chute, c'est l'endroit que je préfère, c'est un endroit que je privilégie parce qu'il y a moins de monde. Moi là, je vais dans la nature pas pour voir du monde. »

28- Ça t'arrive de venir accompagner?

« Oui, des fois je vais venir pique-niquer avec des amis ou prendre une marche avec une amie ou deux, ouais pour converser aussi. »

29- Qu'est-ce qu'il te procure le plus de plaisir dans le parc?

« Regarder les arbres, puis l'eau, regarder les gens aussi, j'aime ça observer les gens. »

30- Le parc en lui-même joue-t-il un rôle dans cette préférence?

« Ben, l'eau, mais non pas particulièrement en fait, car il y a de l'eau dans d'autres parcs aussi. »

31- Qu'est-ce qui t'attire dans l'élément eau?

« Ça m'apporte vraiment du calme, c'est paisible, j'ai juste à regarder et on dirait que tout mon intérieur est en paix. »

32- Comment tu te situes par rapport aux autres?

« Heueu, ça me dérange pas, je focuse pas là-dessus, là. Les gens font leur truc puis moi le mien. »

33- As-tu fait des rencontres particulières ici (amis, etc.)?

« Non, à part me faire draguer. »

34- Tu préfères vivre le parc en solitaire ou en groupe?

« Plus en solitaire, mais en même temps quand je viens en solitaire je me fais tout le temps draguer, ce qui fait que... (rire) »

35- Ce qui t'attire ici?

« L'eau, j'aime il y a des gros arbres, j'aime la configuration de ce parc-ci. Un autre truc que j'aime beaucoup au parc La Fontaine, c'est la cour d'école où il y a souvent plein d'enfants qui s'amusent et qui me communiquent leur belle énergie joyeuse quand je passe par là, ça me fait du bien. »

36- Ta zone favorite au parc?

« Je pense que c'est là où on est. Il y a du soleil pas mal, puis il y a de l'ombre aussi, puis on voit les gens, sans nécessairement qu'ils nous voient. On peut s'asseoir, puis on a quand même une vue sur l'eau. C'est calme, c'est plus calme que de l'autre côté. »

37- Par rapport à la ville comment tu situerais le parc?

« C'est comme une petite pause dans la journée, c'est comme un petit moment pour moi dans ma vie citadine. »

38- Tu préfères t'installer sur un banc ou dans l'herbe?

« Dans l'herbe, j'aime sentir la terre. Je joue avec des brins d'herbe. On peut plus s'isoler aussi, sur les bancs, il y a plein de monde autour, il y a plus de monde, c'est une combinaison des deux. Je pourrais m'asseoir dans l'herbe près des bancs, mais je préfère être reculée. »

39- La présence animale y attache-tu une importance?

« Ça me dérange pas en tout cas. Important, je dirais pas, ça fait partie de l'expérience du parc, sans que ce soit le focus principal, ça me dérange pas. »

40- Comment trouves-tu l'aménagement par rapport à tes pratiques dans le parc?

« Ouais, je trouve que ça fonctionne. »

41- Y a-t-il des choses qui te dérangent?

« Non, à part le bâtiment laid là qui sert à rien (*bâtiment proche de la cascade*), c'est un ancien restaurant, mais je trouve que c'est vraiment là... bouuuu (rire). »

42- As-tu un parcours particulier dans le parc?

« Ça dépend de mes humeurs, quand je suis à vélo, si je suis fatiguée et que je veux quelque chose de plus smooth, des fois je vais faire le tour par la piste cyclable. Si, en général, je passe par le petit pont, puis quand je file un peu plus mountain bike girl, là je passe par là et je m'amuse à faire des sauts, là je descends la côte à toute allure (rire). Sinon à pied, ça va dépendre si j'ai envie de voir du monde, souvent près du pont il y a plus de monde là, si je suis dans un mood plus solitaire, je vais beaucoup plus passer par ici, que par le pont. »

43- Qu'est ce que tu enlèverais ou rajouterais si c'était possible?

« J'enlèverais la bâtisse où je la transformerais. Ouais, j'en ferais quelque chose, heu, ouais je la modifierais, je ferais des *reno.* ou quelque chose. Je ferais sûrement genre un café artistique, tu sais un truc sympa, ouais une aire de rencontre, un café, un truc comme ça trouve que ça serait bien. »

44- Qu'est ce que tu éprouves par rapport à la végétation?

« Du ressourcement, même si c'est pas une nature aussi ressourcente que la nature sauvage, c'est quand même ça. »

45- Le parc dans la ville tu penses que c'est important?

« Oui, je trouve que c'est nécessaire dans une ville d'avoir des arbres comme ça. »

46- L'histoire du parc est-elle importante pour toi?

« Particulièrement quand je passe à côté des vespasiennes, là je remarque vraiment, pour moi là c'est vraiment le symbole de la construction du parc, à l'époque où ça été construit tout ça là et j'y attache quand même une importance. »

47- Arrives-tu toujours par les mêmes accès?

« Pas mal par les terrains de sport, car c'est l'entrée proche de chez moi, mais ça peut varier. »

48- Le parc est-il accessible facilement pour toi?

« Ouais, pas mal sur le Plateau, c'est bien situé. »

Grille d'analyse, entretien nº 5

Thème : quotidienneté et routine	Questions	Thèmes émergents
Fréquente le parc quotidiennement, mais comme un lieu de passage pour se rendre à travail.	Question 1	Quotidienneté.
Passe deux fois par jour par le parc.	Question 4	Habitude spatiale.
Le parc La Fontaine est un espace de proximité et de quotidienneté. « *Au Mont-Royal, puis jardin botanique c'est plus une sortie. Genre là, je vais aller au Mont-Royal, ça va être une activité là, de monter une après-midi.* »	Question 10 et 11	Le parc La Fontaine reste proche de son idéologie d'origine, qui le voulait un parc de proximité accessible facilement.
Routine dans la pratique. « *Il y a trois scénarios.* »	Question 27	Habitude spatiale.
L'expérience du parc comme une pause dans la routine urbaine. « *C'est comme une petite pause dans la journée, c'est comme un petit moment pour moi dans ma vie citadine.* »	Question 37	Le parc comme un retour sur soi dans la vie urbaine. La ville vécue comme aliénante dans l'épanouissement personnel.
Son expérience quotidienne du parc est déterminée par ses humeurs tant dans ses pratiques que dans le parcours spatial. « *Ça dépend de mes humeurs, quand je suis à vélo, si je suis fatiguée et que je veux quelque chose de plus smooth, des fois je vais faire le tour de la piste cyclable. (...) Puis quand je file un peu plus mountain bike girl, là je passe par là et je m'amuse à faire des sauts.* »	Question 42	Expérience du parc liée au besoin.
Routine dans l'accession au parc, mais par commodité, elle passe par l'entrée la plus proche de chez elle.	Question 47	Parc de proximité.

Thème : Pratiques et usages	Questions	Thèmes émergents
Pratique le parc de deux manières à pied ou à vélo.	Question 1	Variété de l'expérience.
Fréquentation du parc spontanée.	Question 19	Le parc La Fontaine est un lieu de proximité.
Pratique le parc depuis qu'elle est à Montréal. « *Surtout depuis que j'habite à Montréal, ça fait à peu près deux.* »	Question 21	
Pratique des activités intimistes. « *Je marche, soit je me pose dans le cas où ça m'arriverait, je vais lire, écrire. Je regarde un peu ce qui se passe autour de moi.* »	Question 24 et 25	Le parc comme un espace permettant le retour sur soi, tout en étant connecté à la vie sociale. Une rupture personnelle au rythme urbain.
Pratique de temps à autre la course à pied dans le parc.	Question 26	Le parc au delà de véhiculer l'idée de nature, permet la pratique sportive.

La personne a différentes activités au sein du parc. « *Soit, je passe en vélo à travers le parc, soit je passe à pied à travers le parc, soit si je viens vraiment au parc pour y passer un moment et je viens m'asseoir de ce côté si du parc.* »	Question 27	Le parc comme un lieu de passage.
Préfère se positionner dans l'herbe, car cela lui permet de s'isoler. « *On peut plus s'isoler aussi, sur les bancs, il y a plein de monde autour, il y a plus de monde.* »	Question 38	Distance proximale.

Thème : sensibilité et sensorialité	Questions	Thèmes émergents
Reconnaissance de la nature par l'ancrage visuel. « *Il y a du vert.* »	Question 28	Dominance du visuel.
Besoin du contact tactile à la terre. « *J'aime sentir la terre. Je joue avec les brins d'herbe.* »	Question 38	Expérience polysensorielle.

Thème : La temporalité	Questions	Thèmes émergents
Les édicules sont des références pour l'usager à l'histoire du parc et son inscription temporelle. « *Particulièrement quand je passe à côté des vespasiennes, là, je remarque vraiment, pour moi, là, c'est vraiment le symbole de la construction du parc.* »	Question 46	Les éléments architecturés rappellent l'inscription historique du parc.

Thème : l'aménagement comme type de nature.	Questions	Thèmes émergents
La personne à une expérience du parc aussi en hiver même si elle est moins régulière. Cela lui permet de faire de l'exercice. « *L'hiver, c'est fermé, fait que moins, mais je passe quand même autour, je passe par-là. Des fois je prends une petite marche.* »	Question 8	L'expérience du parc selon les saisons.
L'expérience du parc dépend des saisons et du type de besoins que la personne manifeste dans sa pratique du parc.	Question 23	Besoin personnel et contraintes naturelles rentrent en compte dans l'investissement du parc au niveau de la temporalité.
La personne manifeste une préférence dans l'aménagement entre « la chute » et la partie sud du parc proche de l'école. « *Entre ici et la chute, c'est l'endroit que je préfère.* »	Question 27	Appréciation de l'aménagement selon les goûts personnels par rapport à l'interprétation de l'idée de nature.
L'élément aquatique (fontaine et bassins) n'est pas identifié comme particulier au parc La Fontaine. « *Ben, l'eau, mais non pas particulièrement en fait, car il y a de l'eau dans d'autres parcs aussi.* »	Question 30	L'eau est un des éléments symboliques référant à l'idée de nature. Références à l'environnement naturel québécois se définit avec une présence de lacs.

Appréciation de l'aménagement de l'espace et de ses éléments : « *L'eau, j'aime il y a de gros arbres, j'aime la configuration de ce parc-ci. Un autre truc que j'aime beaucoup au parc La Fontaine, c'est la cour d'école où il y a souvent plein d'enfants qui s'amusent et qui communiquent leur belle énergie joyeuse.* »	Question 35	Les symboliques fortes des éléments du parc se retrouvent dans la maturité du couvert végétal.
La position favorite de la personne dans le parc est liée à ses goûts et ses attentes personnelles. « *Je pense que c'est là où on est il y a du soleil pas mal, puis il y a de l'ombre aussi, puis on voit les gens, sans nécessairement qu'ils nous voient. On peut s'asseoir, puis on a quand même une vue sur l'eau. C'est calme, c'est plus calme que l'autre côté.* »	Question 36	Besoin d'observer les gens sans être en relation directe avec ces derniers.
Le répondant trouve la présence des bâtiments inutiles. « *Le bâtiment laid là, qui sert à rien, c'est un ancien restaurant, mais je trouve que c'est vraiment là....Bouououou.* »	Question 41	Refus des codes urbains tels que les éléments architecturaux dans l'espace du parc.
Pense qu'il faudrait attribuer une fonction au bâtiment proche des bassins ou le supprimer. « *J'enlèverais la bâtisse ou la transformerais.* »	Question 43	
Situation géographique propice dans l'arrondissement, ce qui le rend facile d'accès. « *Sur le Plateau c'est bien situé.* »	Question 48	Facilité d'accès.

Thème : le parc comme un espace de socialisation	Questions	Thèmes émergents
Cette personne ne fréquente pas le parc en solitaire. Actuellement elle ne s'y rend qu'avec des amis pour faire des activités de groupe. « *À l'occasion, je vais venir pique-niquer avec des amis ou tout ça. Mais toute seule, j'ai eu des mauvaises expériences, puis... Enfin des mauvaises expériences, presque tout le temps l'été passé, quand je venais toute seule au parc. Il y avait tout le temps un con qui venait s'asseoir à côté de moi et qui commencer à me draguer, puis là ça m'a refroidie, du coup j'aime aussi bien m'asseoir sur ma terrasse.* »	Question 7 et 20	Le parc est une nature où la dimension sociale occupe une grande place. Cela peut être vécu de manière positive comme négative.
Transit par le parc pour se rendre à son travail, car la personne apprécie l'espace et on voit que l'espace lui permet de varier ses chemins. « *Je trouve ça bien, puis des fois, je passe, je fais le tour de la piste cyclable. Des fois je traverse par le pont, des fois j'arrive par ici (proche de l'école sur la bute).* »	Question 2	L'aménagement de l'espace permet de créer différents moyens d'appréhender et fréquenter l'espace.
Apprécie l'aménagement du parc, car pour elle, l'espace est optimisé. Aime	Question 12	Le parc doit rompre avec le rythme

aussi l'eau et la structure en dénivelé. « *Je trouve que c'est un parc qui est vraiment bien construit (...). C'est pas si grand, mais l'espace est vraiment maximisé, t'as vraiment l'impression que c'est plus grand que ça l'est réellement. Il y a toutes sortes de petits recoins, tu sais. C'est vraiment un beau parc, puis avec l'eau, j'aime l'eau. C'est vraiment une source de calme et c'est agréable des fois, juste d'être à côté de cette étendue d'eau là, ça fait une pause. Puis le fait que ce soit comme dans un creux, ça coupe le son des voitures, de la ville. C'est vraiment paisible, et j'aime les arbres aussi, il y a toutes sortes de variétés d'arbres.* »		urbain.
Le répondant a des souvenirs personnels qui la rattachent au parc. On voit aussi qu'elle associe le parc comme un lieu privilégié pour les amoureux. Vision romantique du parc. « *C'est un parc dans lequel je me suis beaucoup promenée avec mon ex. C'est pas nécessairement agréable tout le temps, des fois il y a un peu de nostalgie, les parcs, ça évoque toujours la tendresse, les amoureux et tout ça.* »	Question 15	Prégnance d'une vision romantique et bucolique dans l'espace du parc.
La situation géographique de cette personne pour s'installer dans le parc est définie par rapport au besoin de ne pas se trouver dans un espace avec une densité humaine trop importante. « *C'est l'endroit que je privilégie parce qu'il y a moins de monde. Moi là, je vais dans la nature pas pour voir du monde.* »	Question 27	Influence de l'environnement social dans l'expérience du parc.
Pratique le parc avec des amis. « *Des fois, je vais venir pique-niquer avec des amis, ou prendre une marche avec des amis ou deux, oui, pour converser.* »	Question 28	Lorsque le parc est pratiqué avec d'autres personnes, on voit que ce n'est pas l'idée de nature que les gens cherchent à vivre. Le parc devient un décor propice à la socialisation. L'expérience du parc seul et davantage un besoin de se retrouver avec soi-même.
Observation d'autrui.	Question 32	Contemplation de l'environnement social du parc.
Préférence pour une pratique du parc en solitaire.	Question 34	L'expérience du parc en solitaire favorise une pratique intimiste.

Thème : la nature du parc	Questions	Thèmes émergents
Les saisons font varier la pratique du parc. Une part de la nature du parc n'est pas maîtrisable (neige, froid). « *L'hiver j'utilise plus mon vélo.* »	Question 8 et 9	Le parc est à la fois un aménagement voulant transmettre l'idée de nature, mais avec toutes les contraintes qu'imposent les codes sociaux. Mais une part de cette nature se retrouve soumis au phénomène naturel non maîtrisable, en ce sens elle se rapproche de la nature telle qu'on pourrait la rencontrer en

		« campagne ».
La personne a accès à d'autres formes de nature comme la campagne. « J'ai une sœur qui habite à la campagne à une heure de Montréal, alors je peux y aller quand je veux, dans la mesure du possible. Puis mes parents habitent aussi à la campagne.»	Question 13	On peut se demander si le fait que la personne ne fréquente pas le parc de manière régulière, car elle a aussi accès une autre forme de nature.
Le parc dans le quotidien urbain, un substitut de nature. « C'est sûr que c'est pas pareil que d'aller à la campagne, mais c'est comme un substitut (...) c'est comme de la survie. Tu vois, j'ai vraiment besoin de nature dans ma vie, puis faute d'y avoir accès, d'avoir des parcs, ça me permet de subsister. (...) Il y a pas la même énergie qu'à la campagne, mais il y a quand même les arbres, puis il y a du vert, de l'eau. »	Question 14	La ville comme considérée aliénante et la nature permet de se reposer (esprit). On voit aussi l'importance des éléments symbolique comme l'eau, les arbres. On voit aussi que l'interprétation de la nature est culturelle (associée à la couleur verte et l'ancrage visuel), mais aussi territoriale, qui est la référence à l'idée de nature.
La personne évoque le fait que le parc ne l'inspire pas plus comme espace de nature. « J'imagine que si je venais plus régulièrement que ça, je dis que je viens pas car j'ai des mauvaises expériences, mais j'imagine il y a autre chose, car si ça me faisait vraiment du bien de venir au parc, je viendrais plus souvent. »	Question 16	
La nature comme une pause dans la vie urbaine. « Quand je viens me promener, ou même des fois quand je sors du travail, quand j'arrive dans le parc ça fait comme ahahahahahah. Tu sais, je suis souvent stressée dans la ville et je cours partout, puis là, des fois j'oublie de me poser et puis là quand j'arrive au parc ça me rappelle, hé oh, là ralentis un peu, prends le temps d'être là, puis des fois ça me donne juste envie de m'arrêter, des fois je descends même du vélo. »	Question 18	La ville comme aliénante, besoin de nature pour trouver un rythme plus paisible. Le parc comme forme de nature aménagée. Le parc est un substitut de nature qui véhicule une idée de nature bien particulière et propre à cet espace, qu'on ne pourrait pas comparer à un environnement de nature plus sauvage ou moins contrôlée.
Aime fréquenter le parc en automne et au printemps, car il y a moins de monde et l'hiver le parc est plus difficilement accessible. « L'automne puis le printemps. L'hiver, c'est pas vraiment accessible, puis l'été je trouve qu'il y a trop de monde. »	Question 23	Importance de l'environnement social dans l'expérience du parc. Expérience liée aux saisons.
La fréquentation de l'espace comme forme de nature dépend des moments (temporel et émotionnel). « ça dépend des moments. Mais en général, il y a trois scénarios.» Besoin de ne pas voir trop de monde dans l'appréciation de la nature. «C'est l'endroit que je privilégie parce qu'il y a moins de monde. Moi là, je vais dans la nature pas pour voir du monde. »	Question 27	Habitude spatiale.
La personne est sensible au couvert végétal, à l'eau et à l'observation des gens. « Regarder les arbres, puis l'eau, regarder les gens aussi, j'aime observer les gens. »	Question 28	Reconnaissance du parc par les éléments qui le composent.

L'eau symbolise pour l'usager, un élément de calme, de paix. « *Ça m'apporte vraiment du calme, c'est paisible. J'ai juste à regarder et on dirait que tout mon intérieur est en paix.* »	Question 31	Le parc est associé à l'idée de paix par rapport à la ville.
La présence animale (les écureuils ou les canards) participe à la reconnaissance du parc.	Question 39	Les éléments participant à la reconnaissance du paysage du parc.
La végétation comme un symbole de ressourcement. « *Du ressourcement, même si c'est pas la nature, aussi ressourçante que la nature sauvage, c'est quand même ça.* »	Question 44	Importance symbolique de la végétation.

Données complémentaires : prise de photos, usager 5

Photo 1

« Ben... Moi ce qui m'a marqué le plus en général, là dans les photos, c'est le lien entre la nature et le moderne, tu sais toute la société. Puis je trouvais qu'il y avait vraiment une barrière, j'ai remarqué qu'il y avait beaucoup de notions d'interdits, de barrières entre la nature puis l'homme finalement comme s'ils avaient créé des barrières entre nous et la nature en fait, donc il y a beaucoup de photos qui sont en lien à ça. Comme là, on voit un arbre comme coupé qui passe à travers une clôture, puis derrière c'est la cour d'école, c'est là où les enfants jouent, puis je trouve ça assez symbolique, le parc d'un côté et la cour d'école de l'autre. »

Thème émergent : opposition visuelle entre les éléments architecturés et le parc comme nature au travers des normes de réglementations.

Photo 2

« Là encore, un cadenas barré entre la cour d'école et puis le parc, puis il y a comme la nature qui passe au travers de la clôture. »

Thème émergent : opposition entre les éléments architecturés et la végétation du parc.

Photo 3

« Un vélo qui passait par là, car ça fait partie de mon quotidien comme je traverse le parc à vélo tous les jours. »

Thèmes émergents : le parc dans une expérience de quotidienneté; reconnaissance du parc par les habitudes pratiquées par l'usager.

Photo 4

« Un petit écureuil, car ça fait partie intégrante du parc La Fontaine, on peut pas les manquer, puis il était albinos, je trouve ça joli. »

Thème émergent : la faune comme caractéristique du parc.

Photo 5

« Un parc de volleyball après l'été, là c'est l'automne. Puis là, t'as tout le sable qui est piétiné par les matchs de l'été. Le filet est plus en place, c'est comme les vestiges de l'été au parc La Fontaine. »

Thèmes émergents : sensibilité aux changements saisonniers dans le parc; les saisons déterminent les pratiques du parc.

Photo 6

« Les enseignes parce que justement, je trouvais aussi que c'était un point marquant du lien qui nous séparer de la nature, beaucoup d'interdits, de règles d'utilisation : « aire d'exercice pour les chiens ». Il y a un endroit où on peut promener notre chien, puis c'est entouré de clôture en métal, puis c'est pas très dans le laisser-aller là (rire). Puis je trouvais ça beau, car il y a tout plein de graffitis sur la clôture, c'est comme si la société se rebeller contre ces règles-là. »

Thèmes émergents : opposition nature et éléments architecturés/signalétiques; le parc comme une nature limitée et réglementée.

Photo 7

« Les vespasiennes, parce qu'à chaque fois que j'y passe à côté, je trouve ça marquant du parc La Fontaine. Je trouve que c'est vraiment marquant du parc lors de sa conception et ils avaient fait ça pour les toilettes, puis finalement ça dû devenir comme une grosse piquerie (rire), alors ils ont dû la fermer. Puis là, maintenant c'est vraiment une ruine, il y a du lierre qui pousse, le toit est entrain à moitié effondré. »

Thème émergent : certains édicules rappellent l'ancrage historique du parc.

Photo 8

« Encore une affiche... Alors là, on est dans le bâtiment au centre du parc. Encore beaucoup de contrôle là, dans cet espace qui est censé être relativement naturel. »

Thèmes émergents : contrôle; réglementation.

Photo 9

« Un couple d'amoureux qui dort sous une couverture. J'espérais qu'ils se réveillent (rire). Je trouvais que ça fait vraiment partie du parc, les itinérants dans le parc. Ils ont surement fait la fête hier ou quelque chose (rire), qui dorment à toutes heures du jour et de la nuit. »

Thème émergent : paysage social du parc.

Photo 10

« Les oiseaux, car il y a beaucoup de gens qui les nourrissent et ils sont aussi très omniprésents aux alentours du parc. »

Thème émergent : le parc se définit par sa faune.

Photo 11

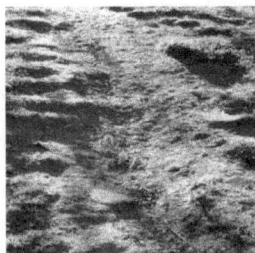

« La montée prés de la chute, ça montrer encore le rapport de l'homme à la nature qui passe et qui repasse et qui détruit un peu autour de lui. »

Thème émergent : toujours opposition entre hommes et nature.

Photo 12

« Des musiciens, car dans ce coin-là, il y a toujours des musiciens, ça marque ce petit coin là près du pont. »

Thème émergent : paysage social identifié selon les secteurs.

Photo 13

« La fontaine, juste parce que je trouvais ça beau. »

Thèmes émergents : dimension esthétique des éléments du parc.

Photo 14

« Un vélo qui transporte un diable, je trouve que c'est très urbain avec les vélos qui transportent toutes sortes d'affaires. »

Thème émergent : certains éléments symboliques du milieu urbain.

Photo 15

« Le Théâtre de Verdure, parce que je trouve ça drôle, ça s'appelle le Théâtre de Verdure, alors que tout dans le théâtre est en ciment puis en métal. »

Thèmes émergents : contraste entre architectures et verdure.

Photo 16

« Encore un cadenas avec une clôture qui vient sur le théâtre. Encore un endroit où il est interdit d'être présent. »

Thème émergent : le parc un espace réglementé.

Photo 17

« Un gas qui faisait du break danse (rire), toutes les petites choses que l'on peut retrouver dans le parc. »

Thème émergent : paysage social caractéristique.

Photo 18

« C'est encore la laideur qu'on peut retrouver à certains endroits dans le parc, là c'est dans ce bâtiment-là (ancien restaurent) que je trouve affreux. Puis tout autour, il y a plein de trucs laids qu'on peut retrouver. »

Thème émergent : dépréciation des bâtiments et de leurs états.

Photo 20

« Une cabine téléphonique avec un monsieur avec une carte qui cherche son chemin, un aspect un peu plus touristique du parc. »

Thème émergent : parc La Fontaine lieu emblématique de la ville.

Photo 21

« Là, on voit pas super bien, mais c'est une table où il manque une planche. Je trouve que tout autour de ce bâtiment là est délabré. »

Thème émergent : dépréciation de l'état de certains éléments.

Photo 21

« Les clôtures de la Ville de Montréal, encore la présence du contrôle de la ville et tout ça. »

Thème émergent : le parc La Fontaine, un espace réglementé.

Photo 22

« Tu sais c'est quoi? C'est une petite cabane qui est là-bas au bord du lac, puis dessus, il y a comme un visage, puis c'est bizarre. Puis je me demande à quoi elle sert cette cabane. »

Thème émergent : fonctionnalité questionnée sur certains éléments architecturés présents dans le parc.

Photo 23

« La pollution encore, au bout là-bas, il y a toujours de la merde dans l'eau, puis je trouve ça laid... »

Thème émergent : pollution visuelle.

Photo 24

« Ouais, les paysages que je vois souvent. »

Thèmes émergents : routine; habitude; quotidienneté.

VII- Entretien nº 6

Lieu de passation : Le parc La Fontaine
Durée de l'entretien : Environ une demi-heure
Situation de l'entretien : Parc La Fontaine assis sur la pelouse en face du bassin, le 18.09.08 à 16 h 25
Âge du répondant : 32 ans
Nationalité : Québécoise

Résumé :

Le temps est clair et ensoleillé, on note un peu de vent. Il y a peu de gens pour une fin de semaine. On est assis sur l'accotement proche de l'école face au bassin. Des gens se promènent ou sont assis face au bassin.

Premières impressions - remarques :

L'ambiance est calme et paisible.

1- La fréquentation du parc La Fontaine est-elle régulière?

« Plus maintenant. »

2- Avant pourquoi était-elle régulière et moins maintenant?

« Je restais à côté du parc, c'était la cour et le jardin ici. »

3- À quels moments ou occasions tu venais ici (journée, humeur)?

« Habituellement quand il faisait beau. Heueu, le week-end plus. Après ça dépend ce que tu venais faire dans le parc, je passais souvent en vélo, puis quand je gardais les chiens, je venais tout le temps promener les chiens, le matin puis le soir. »

4- Venais-tu au parc durant toutes les saisons?

« Quand je restais à côté, on venait l'hiver. On venait patiner, puis l'été, tu viens tout le temps quand tu restes proche. »

5- Pourquoi maintenant que tu vis plus loin tu fréquentes moins ce parc?

« Parce que je reste à côté du parc Mont-Royal. »

6- Quand on compare le Mont-Royal au parc La Fontaine, on remarque que ce sont deux types de parc. Attaches-tu une importance à cette différence?

« C'est vrai, ici c'est plutôt contemplatif, Mont-Royal c'est plus actif. »

7- Mis à part ces deux parcs fréquentes-tu d'autres parcs?

« Non, le parc Laurier, sinon le parc Marquette, puis d'autres petits parcs. Souvent on arrête, quand tu fais du vélo, tu fais souvent des petites pauses dans les parcs. »

8- Par rapport à tes différentes fréquentations de ces parcs qu'est-ce que tu trouves particulier au parc La Fontaine?

« Je pense que c'est l'étendue d'eau, la petite chute, le petit environnement. T'as vraiment tout, ce qui est le fun. Ici on est à côté du lac, c'est plus repos, le monde sont tranquilles, un peu plus loin, t'as vraiment une gradation, ici c'est tranquille, posé. Après ça, c'est plus le petit truc activité, le monde font leurs pique-niques, après ça t'as plus les trucs sport, machin, puis après ça t'as la ville, de l'autre côté de la rue t'as l'autre petit parc où t'as jamais personne. »

9- As-tu accès à d'autres types de nature que les parcs?

« Ben ouais, pas souvent parce que je n'ai pas d'auto. Après je pense qu'au Québec c'est plus facile d'avoir accès à la nature que celle de la ville. »

10- Qu'est-ce que tu entends entre nature et nature en ville?

« Ben l'aménagement, les parcs sont toujours aménagés, il y a plein d'équipements en fait. Ce qui est un peu drôle ici, c'est que les équipements sont hyper vétustes et puis très hétéroclites au parc La Fontaine, il y a plein de trucs on sait pas c'est quoi, tu vois plein de petits buildings, t'as aucune idée c'est quoi. Ils sont comme un peu abandonnés, ils sont comme pas accessibles, tu sais jamais si tu peux rentrer ou pas. Il y a comme plein d'institutions, mais tu sais, il y a une école primaire ici. Je pense qu'il y pas beaucoup de monde qui se rend compte qu'il y a une école primaire. Il y a plein de trucs comme ça, qui font une différence entre la nature qui et pas aménagée et la nature qui est aménagée. »

11- Ce lieu t'inspire-t-il personnellement?

« Je trouve que c'est un parc qui est quand même plus social que les autres, on dirait. Ben en fait, justement tous ces petits attroupements comme ça. S'il y a une place où les gens sont plus réceptifs ici, en fait je pense que c'est une place où c'est plus facile de rencontrer des gens ici, ou juste si tu veux emprunter du feu ou n'importe quoi, avoir une petite conversation, ça se fait quand même assez facilement ici. »

12- Et tu penses que c'est favorisé par l'aménagement du parc?

« Heuheu, ben ouais, peut-être l'aménagement ou peut-être l'appropriation. Le monde qui vient ici, vient ici plus relaxer, il y a pas nécessairement d'activité, surtout pour prendre le soleil. J'ai l'impression que le lac, ça aide, je sais pas pourquoi là, mais on dirait que les gens sont plus réceptifs. Il y a le plan d'eau, car c'est aux alentours du plan d'eau, les gens à l'extérieur du plan d'eau la dynamique elle change beaucoup. »

13- Personnellement ce parc t'apporte-t-il quelque chose par rapport à la ville?

« C'est agréable, ben en fait, le fait que le lac soit un peu encaissé, ça assourdit beaucoup les sons, tu voix l'espèce de moto qui passe, on l'entend en sourdine, c'est super calme. C'est vraiment un endroit assez paisible en ville pour se relaxer. Puis surtout l'été, c'est drôle, tout le monde qui a un peu trop chaud à tendance à venir ici. »

14-Quand t'es dans le parc es-tu soumis à des humeurs ou des sensations particulières?

« Je pense que ça dépend, c'est cool quand tu viens vraiment tôt le matin dans le parc, c'est vraiment le fun. Il y a quelque chose dedans comme hyper paisible. Heuheu, tu croises toujours quelqu'un qui promène un chien, tout le monde a un chien, c'est un peu une autre ambiance tout le monde est un peu tranquille, c'est super serein comme ambiance t'entends rien, il y pas de trafic, il y a pas d'auto. Puis plus la journée avance, c'est plus la fête, il y a du monde qui joue au frisbee ou des trucs comme ça, c'est plus festif. Puis le soir, t'as un peu la faune étrangeoïde qui envahit le parc ça devient bizarre. C'est drôle tantôt, j'ai pris une photo le parc est fermé entre minuit et 6 h du matin, supposément le parc ferme à 11 h, j'ai trouvé ça un peu bizarre. »

15- As-tu un rituel dans le parc?

« Heuheu, ouais, justement quand je promenais le chien de mon ami, on faisait toujours le même parcours, puis en fait, c'est un peu l'idée le chien était tout petit et il avait pas beaucoup de discipline, pour lui donner de la discipline, tu l'emmènes toujours sur le même parcours. »

16- Donc tout dépendait de la promenade du chien?

« En même temps ma déambulation dans le parc se fait avec le chien (rire). »

17- Peux-tu expliquer le choix de ce parcours?

« En fait, le parcours il est cool, il est a peu prés ici, cette partie-là du lac, puis je trouve qu'il y a des endroits un peu étranges, il y a la montée, il y a tout ce système de rampes là, qui ne mène nulle part, c'est un peu bizarre. C'est un peu… puis l'autre côté aussi, ce chemin là particulier, car il est balisé. C'est un des seuls dans le parc qui est balisé, le chien ne pouvait pas trop se sauver, donc je pouvais lui enlever sa laisse et lui apprendre à ne pas se sauver. Sinon, en vélo c'est plus de l'autre chemin de l'autre côté, où t'as pas personne, tu peux te permettre de rouler allègrement, c'est un peu deux déambulations assez différentes. »

18- Par rapport à ton descriptif tu cherches quand même à te mettre en retrait par rapport aux gens, car tes deux parcours sont des voix plus en retrait?

« Oui, c'est vrai. En fait, c'est un espace plus nature. Sinon, j'ai l'impression de l'autre côté du lac, j'aime pas beaucoup t'as l'impression d'être sur une terrasse, tout le monde picole, ça jase, c'est pas nécessairement ma vision du parc. »

19- Comment tu définirais ta vision du parc?

« Ben en fait, c'est une simulation d'un petit mini voyage en campagne tu sais. Tu trouves tous les éléments qui sont là, mais c'est super simulé, mais t'as pas le choix de te mettre dans un état d'esprit qui peu aller rechercher ça. Puis je pense que tu le retrouves pas quand tu es entouré de 25 personnes en train de faire ça. Si tu veux entendre les bruits un peu de la nature et tout ça, t'essayes de trouver un endroit un peu plus tranquille je pense. »

20- Quand tu parles de bruits de la nature tu penses en quoi en particulier?

« Le plus probant, c'est le bruit de la chute, mais après ça t'as les oiseaux, puis après ça t'as le bruit des feuilles. C'est justement, c'est... En fait, si tu prends un peu Merleau-Ponty il va te dire que le phénomène est total quand tous tes sens sont interpellés, sinon c'est comme regarder un parc à la télé, si tu restes que visuel, tu sens pas le vent, puis t'as les feuilles, je pense que c'est ça un peu qui fait que t'as un contact avec le réel. »

21- As-tu des anecdotes ici?

« Pas de situation particulière. »

22- Ça fait longtemps que tu fréquentes ce parc?

« Depuis que j'ai déménagé un peu dans le coin. »

23- Tu ne venais jamais avant?

« Une fois de temps en temps, mais pas énormément. C'est le parc à Montréal, j'ai tout le temps fréquenté les parcs qui sont le plus prés de chez moi. »

24- Quelle est la saison que tu préfères pour venir au parc?

« L'été, c'est sur c'est cool, il fait beau, mais l'hiver c'est vraiment le fun. Je pense que le parc c'est toutes les saisons, l'automne c'est beau, t'as les feuilles, c'est super paisible pour prendre des marches un peu plus réflectives c'est cool. L'été c'est plus yeah, on se fait un pique-nique, il y a du soleil. Puis l'hiver c'est cool, c'est sur le fun de marcher l'hiver, le parc est désert, puis le bruit de la neige un peu tout ça, tu peux aller patiner c'est le fun. La pire saison c'est juste le printemps, c'est dégueulasse à fond, tout est boiteux, le parc est pas praticable, tu peux pas t'allonger dans l'herbe, la glace est à moitié fondue, c'est un peu la saison où t'es entre-deux, tu peux pas vraiment avoir d'activités possibles, tu peux pas vraiment relaxer, il y a pas de feuilles dans les arbres encore. »

25- Quelle est ton activité préférée dans le parc?

« C'est sûr que je préfère faire du vélo, c'est le fun, c'est tout le temps le fun de passer en vélo, un tu vas super tranquillement, c'est pas l'endroit approprié de faire du vélo dans le parc, mais une chose un peu voyeuriste tu te promènes et tu fais juste comme un peu, t'entends des bruits de conversation, en fait tu sens l'humeur générale des gens quand tu te promènes en vélo, c'est assez le fun, puis du coup, c'est plus facile de repérer un coin où si t'as envie un petit coin justement là, tu peux voir les éléments. Le parc La Fontaine avec un chien, c'est super cool, t'as plein d'animaux, de petits canards, le chien il tripe à fond (rire), ça fait un peu d'activité pour lui, je pense que c'est cool, il y a plein d'autres chiens aussi qui sont là, ça c'est le fun. »

26- Ça t'arrive de venir accompagner?

« Oui. »

27- Qu'est-ce que tu peux noter comme différences entre les moments où tu es seul et les moments où tu es accompagné?

« Moi, le parc j'ai tendance quand je suis seul, je suis introspectif, je suis plus enfermé, je suis plus contemplatif. Puis accompagné, c'est souvent, les gens ont tendances à se regrouper où il y d'autres gens, justement pour pousser les rencontres ou des choses comme ça. Je pense que c'est ça la grosse différence, en fait. De venir en groupe au parc, c'est super social, tu rencontres rapidement d'autres gens, ce qui est cool aussi. Je trouve ça le fun de faire un pique-nique, tu rencontres des gens à côté, puis tu demandes un truc et tu mets la bouffe un peu en commun. Souvent il y a des espèces, tu peux te faire inviter dans des parties, c'est le truc les rencontres se font assez facilement, puis c'est cool. »

28- Où tu préfères t'installer dans le parc?

« Ça dépend, ben ici où on est, côté un peu sud du parc j'aime bien, mais je pense que c'est vraiment un peu plus par habitude, car j'ai toujours l'habitude d'arriver par le coin Charrier/La Fontaine. En fait, t'arrives facilement au parc, tu peux te poser là, il est moins occupé. Je pense qu'il y a moins de monde qui arrive par là, parce que du côté plus Rachel, t'as plus tous les gens qui restent sur le Plateau qui eux arrivent de suite au parc. Toute façon, je fais une différence entre l'un côté, puis l'autre de la chute. Si tu regardes, ici il y a beaucoup de gens seuls, il y n'a pas beaucoup de gens qui jasent, tout le monde est beaucoup plus posé. De l'autre côté, il y a beaucoup plus de gens, c'est un peu plus animé, t'as plus de groupes, des choses comme ça, puis juste un peu plus vers la petite école, en fait c'est vraiment plus les groupes qui font des barbecues, des pique-niques. Une place où j'aime bien aller aussi, quand je suis seul, aller du côté des terrains de pétanque voir les matchs. »

29- Les activités que tu fais dans le parc sont essentiellement liées aux saisons?

« Ben, comme toute nature, l'élément nature t'as pas le choix de te plier à l'environnement. »

30- Quelle activité te procure le plus de plaisir?

« Je pense que c'est pas mal les petits barbecues où il y a une mini activité un peu, sans compétition, c'est juste lancer un peu le frisbee, c'est pas le truc où, on vient pour se lancer le frisbee, c'est un peu le truc t'as un peu un regroupement, tu t'appropries un peu un lieu. T'as un petit ballon de foot, à juste s'échanger le ballon ou à juste lancer un peu le frisbee ou à faire voler le cerf-volant ou un truc comme ça, t'as le temps d'écouter un peu les conversations. En fait, c'est un peu la partie familiale, je pense que ce truc-là est bien tripant. »

31- Est-ce que la forme du parc favorise ces activités?

« Ah oui, c'est clair, tu fais pas le même genre d'activités, justement faire voler un cerf-volant c'est presque impossible au parc La Fontaine. Ce qui est tout le contraire mettons du parc Jeanne Mance ou ces trucs-là ou le parc Jarry, c'est super pour ça. En fait, il est très boisé le parc ici, je pense que les activités ont tendances à être un peu plus posées. »

32- Comment tu te situes par rapport aux autres?

« J'en porte pas vraiment attention, ça m'arrive d'observer, dés fois je trouve ça le fun d'observer, tout ça. Un peu plus loin il y a des gens qui ont accroché des ballons, je trouve ça assez sympathique, mais je pense surtout quand les gens sont un peu posés avec une couverture, les gens lisent ou jouent un peu de la guitare. Je pense que le monde est dans un trip un peu perso. Je pense qu'on fait un peu abstraction en fait. »

33- Y a t-il des éléments qui te dérangent dans le parc?

« En fait, tous les bâtiments, moi ce qui me dérange c'est tous ces bâtiments-là, qui sont un peu désaffectés, on comprend pas qu'est-ce qui se passe là. Ça, c'est super... C'est vraiment bizarre, les bâtiments sont un peu désaffectés ou il semble y avoir une activité, mais on sait pas c'est laquelle. Je pense que ces bâtiments-là pourraient amener une autre vie vraiment au parc, peut-être pas continuellement, pas le transformer en foire, mais je pense qu'il pourrait vraiment y avoir des activités. Comme il y a au Théâtre de la Verdure, de temps en temps l'été, puis ça devient super agréable tu sais ou des fois t'as des espèces de trucs genres spectacles de danse ou un film après. Ça marche super bien ça dynamise vraiment le parc. Puis en fait, les gens profitent du parc, puis à un moment donné tu sens que le spectacle commence, tu vas là, puis finalement tu sors et en fait t'es resté au parc pratiquement toute la journée. »

34- As-tu déjà fait des rencontres particulières au parc?

« Pas de lier d'amitié nécessairement, souvent ça arrive un peu, souvent dans les pique-niques justement, tout le monde arrive puis t'invites des amis, je pense que c'est super accessible, vu que c'est pas chez quelqu'un t'es jamais gêné d'arriver avec quelqu'un que les gens connaissent pas, donc dans ce sens-là oui, mais pas rencontrer une amitié pas nécessairement. »

35- Tu préfères vivre le parc en solitaire ou accompagné?

« C'est pas pareil, mais je pense les parcs, c'est le truc si t'es un peu tout seul, ça se fait super bien, je pense c'est une des seules activités ou les gens se sentent super bien d'être seul. Contrairement, à aller manger un resto seul, où les gens se sentent un peu, pas jugés, mais tu te sens un petit peu mal à l'aise. Alors qu'il y a plein de gens qui viennent au parc tout seul, t'as pleins de gens qui sont juste assis sur un banc au parc à regarder, à juste rien faire, puis t'as même pas une double pensée pourquoi ils sont là, ça se fait assez bien. »

36- Comment trouves-tu l'aménagement végétal de ce parc?

« L'aménagement, c'est super basic au point de vue... Tu sais si on enlève le béton et tout le construit, l'aménagement est quand même relativement simpliste, c'est juste une plantation d'arbres finalement, je pense qu'il a pas un aménagement paysager comme marquant là. Il y en a pas, t'as presque pas d'arbustes, t'as presque pas... Je pense qu'à un moment donné, t'as presque même eu une volonté de les enlever. Peut-être que l'aménagement été différent, puis du point de vue volonté sécuritaire ou je sais pas trop pourquoi, on a tout enlevé ça, donc finalement l'aménagement naturel est super basic, peut-être même un peu pauvre à quelque part, t'as juste un couvert végétal de feuilles et c'est à peu près tout. »

37- Quelle place tu donnerais au parc par rapport à la ville (dans ton quotidien)?

« C'est super majeur avec la rue Rachel qui relie le Mont-Royal, c'est pas vécu comme ça, mais la rue Rachel est pas, elle a pas le statut qu'elle devrait avoir, mais c'est pas pour rien que la piste cyclable est là, tu relis tes deux parcs, fait que la dynamique là, est peut-être une dynamique entre le Mont-Royal, le stade olympique, puis Rachel devrait faire de même de relier les deux parcs majeurs de ce côté-ci de la ville du moins. Je pense qu'il y pas beaucoup de gens qui le réalisent, c'est pas super évident comme lien en fait, mais ouais c'est clairement un parc qui est hyper structurant par rapport à la ville. Je pense que tout le monde connaît le parc La Fontaine, c'est un incontournable. »

38- Tu préfères l'herbe ou les bancs?

« Heuheu, dans l'herbe, c'est juste d'être plus confortable, c'est cool aussi d'être assis dans le gazon, c'est quand même assez rare, c'est plaisant, mais quand t'as juste envie de t'installer et de s'installer un peu, le banc c'est le fun. Tu fais une pause 5 min ou un petit truc comme ça, je pense c'est pour une pause relativement courte, s'installer sur un banc c'est le fun, mais pour rester un peu longtemps ben, pour te mettre à son aise, tu t'assoies sur le gazon. »

39- La présence animale est-elle importante?

« Je pense que oui, la faune et la flore c'est ce qui définit un peu la nature dans le parc, c'est clair. Après ça, ils sont loin d'être naturel ces animaux-là, tous les canards moindrement que tu t'approches de l'eau, ils viennent nous voir au lieu d'avoir peur, car on a tendance à les nourrir. Les écureuils ont plus peur des humains, car ils sont nourris eux aussi. Puis ensuite, les chiens c'est le truc un peu aléatoire, il y a des chiens qui sont super plaisants, puis t'en a d'autres que c'est un peu n'importe quoi, qui défèquent un peu partout et c'est pas tout le monde qui ramasse la merde de chien, qui fait que ça peut devenir une nuisance aussi. Mais en principe je pense que c'est une partie essentielle du parc. »

40- Dans le parc, tu te déplaces en suivant les sentiers ou peu importe?

« J'ai tendance à plus suivre les sentiers autant que possible. Je pense que c'est une question de préservation du gazon, tous les sentiers tracés hors gazon. Puis en fait les gazons s'usent, des problèmes d'érosion il y a en partout, puis à un moment donné, ben, je pense si t'es capable. Ça n'empêche pas d'être complètement contraint aux sentiers, je pense que si le sentier est praticable, ben oui. Puis traverser le gazon pour aller à un autre sentier, oui si tu veux le chemin le plus rapide si tu traverses le parc. Mais autant que possible, oui prendre les chemins indiqués. »

41- Si tu pouvais rajoutais ou enlever quelque chose au parc qu'est-ce que ce serait?

« La rue qui passe dedans l'enlever, c'est vrai, c'est vraiment ridicule l'autre partie du parc elle sert vraiment à rien, elle est vraiment pas fréquentée, puis c'est complètement weirdo, car t'es pris entre deux voies de circulation, puis Papineau est super intense comme circulation, ça serait ça. Puis de rajouter, ça serait juste des fonctions aux vieux bâtiments. »

42- Que représente le parc par rapport à ton quotidien?

« Le parc maintenant vu que j'habite pas loin, je le fréquente surtout par la piste cyclable, c'est un lieu de transit, c'est vraiment une autoroute de vélo, tu peux te promener en vélo, ça pu pas la ville juste le fait, tu fais toute une différence au monde, je pense que quand t'es en vélo, puis surtout quand t'es habitué à rouler vite, t'es beaucoup plus sensible aux odeurs, puis aux changements de température et tout ça. Quand tu passes dans le parc, ça fait toujours du bien, si moindrement il y a un parc proche dans ton chemin, tu vas faire un détour, si minime qu'il soit pour passer par là. C'est justement le changement, surtout en été, qu'il fait chaud, juste de passer dans le parc, ça donne de la fraîcheur, ça fait du bien, ça ressource, ça calme, ça apaise. Juste pour ces choses-là ça vaut la peine de fréquenter ne serait-ce que pour quelques minutes. »

43- Attaches-tu une importance à l'histoire du parc?

« Non, c'est juste t'as des petites réflexions, quand tu passes devant les statuts, les monuments, ça donne une réflexion par rapport à ça, mais l'historique du lieu ici non. »

44- Accèdes-tu toujours par le même endroit?

« Il y a trois ou quatre endroits, mais pas plus. »

45- L'accès est-il pratique pour toi?

« Ben, oui il y en a. Les entrées officielles que je n'utilise jamais. Elles sont centrées et elles sont excentrées par rapport à l'activité. Puis après, je pense qu'il doit pas avoir nécessairement une entrée dans un parc, ça devient un peu parc thématique (rire). Mais le parc La Fontaine est super perméable, n'importe où, toutes les rues qui débouchent dessus. Je pense que le parc doit pas avoir d'entrée précise. En fait le parc ici, se traverse bien, c'est une zone verte, c'est pas, c'est pas un lieu comme par exemple le Mont-Royal, tu te sens tout le temps obligé de passer par le chemin Olmsted et parce qu'ici il y en pas, je pense que justement, je sais pas le nombre de sentiers, mais il y en a des tonnes. Tu dois avoir des possibilités justes en gardant les sentiers, où n'importe quoi, elles sont immenses. Je pense que c'est pour ça que c'est un parc super perméable justement. »

Grille d'analyse, entretien nº 6

Thème : quotidienneté et routine	Questions	Thèmes émergents
On voit que la personne avait une certaine routine dans l'expérience du parc quand il le fréquentait régulièrement. « *Quand je promenais le chien de mon ami, on faisait toujours le même parcours, puis en fait.* »	Question 15 et 16	Régularité de pratique.
Habitude d'arriver et de se positionner au même endroit dans le parc. « *Côté un peu sud du parc, j'aime bien, mais je pense que c'est vraiment un peu plus par habitude, car j'ai toujours l'habitude d'arriver par le coin Cherrier/La Fontaine.* »	Question 28	Habitudes spatiales liées à la proximité de l'habitat.
Dans son quotidien, le parc est un lieu de transit dans sa pratique du vélo. « *Le parc maintenant, vu que j'habite pas loin, je le fréquente surtout par la piste cyclable, c'est un lieu de transit.* »	Question 42	Les pratiques définissent la manière d'investir le parc.

Thème : Pratiques et usages	Questions	Thèmes émergents
La pratique du parc n'est plus régulière, car ne vit plus à proximité.	Question 1 et 2	Le parc La Fontaine comme un lieu de proximité.
Les moments dans le parc dépendent de la pratique. « *Après ça dépend ce que tu venais faire dans le parc, je passais souvent en vélo. Puis quand je gardais le chien, je venais tout le temps promener le chien, le matin ou le soir.* »	Question 3	Moments de la journée influencent l'expérience.
Ne pratique plus régulièrement le parc La Fontaine, car maintenant vit plus proche du parc Mont-Royal. « *Je reste à côté du parc Mont-Royal.* »	Question 5	Le parc La Fontaine est à la fois un haut lieu de Montréal, mais aussi un parc de proximité.
Le répondant pratique le vélo et les parcs par rapport à cette activité, ils sont des pauses. « *Le parc Laurier, sinon le parc Marquette, puis d'autres petits parcs. Souvent, on arrête, quand tu fais du vélo, tu fais souvent des petites pauses dans les parcs.* »	Question 7	La personne pratique le parc dans une dimension plus sportive et active qu'intimiste. Même au travers de l'activité sportive telle que le vélo, le parc est une pause dans l'urbain.
Fréquente toujours les parcs à proximité de chez lui. « *Une fois de temps en temps, mais pas énormément. C'est le parc à Montréal, j'ai tout le temps fréquenté les parcs qui sont le plus prés de chez moi.* »	Question 23	Le parc comme faisant partie du quotidien urbain.
Pratique essentiellement le parc à vélo. Il aime cette pratique, car il peut observer et écouter les gens tout en ayant du recul. « *C'est sûr que je préfère le vélo, c'est le fun, c'est tout le temps le fun de passer en vélo. Un, tu vas super*	Question 25	L'expérience du parc en liaison avec l'environnement social.

tranquillement, c'est pas l'endroit approprié de faire du vélo dans le parc, mais une chose un peu voyeuriste, tu te promènes et tu fais juste comme un peu, t'entends des bruits de conversation, en fait tu sens l'humeur générale des gens quand tu te promènes en vélo.»		
Préfère le gazon pour s'installer. Le banc c'est davantage pour une courte pause. « Le banc, c'est le fun, tu fais une pose 5 min, ou un petit truc comme ça. »	Question 38	Polysensorialité de l'expérience

Thème : sensibilité et sensorialité	Questions	Thèmes émergents
Pour lui un contact réel, c'est lorsque les sens sont impliqués. « Le plus probant, c'est le bruit de la chute, mais après ça t'as les oiseaux, puis après ça t'as le bruit des feuilles.(...) Sinon, c'est comme regarder un parc à la télé. Si tu restes que visuel, tu sens pas le vent, puis t'as les feuilles, je pense que c'est ça un peu qui fait que t'as un contact avec le réel. »	Question 20	Le parc favorise une expérience polysensorielle.
Le parc en solitaire comme introspectif. « Moi, le parc j'ai tendance quand je suis seul, je suis introspectif, je suis plus fermé, je suis plus contemplatif. »	Question 26 et 27	Expérience solitaire du parc favorise l'introspection.
Besoin de contact avec le gazon. « C'est cool aussi, d'être assis sur le gazon s'est rare. »	Question 38	Environnement tactile.

Thème : La temporalité	Questions	Thèmes émergents
Il fréquentait le parc, plus le week-end quand il faisait beau. « Habituellement quand il faisait beau, le week-end plus. »	Question 3	Habitude de pratique.
Fréquentation du parc en toutes les saisons. « Quand je restais à côté, on venait l'hiver. On venait patiner. Puis l'été, tu viens tout temps quand tu restes proche.»	Question 4	Les activités au sein du parc sont définies selon les saisons.
La personne fait attention à l'historicité du parc au travers des monuments et des statuts. « T'as des petites réflexions, quand tu passes devant les statuts, les monuments, ça donne une réflexion par rapport à ça. »	Question 43	Les monuments sont des marqueurs de l'histoire du parc.
Les moments de la journée font varier l'ambiance. « Quand tu viens vraiment tôt le matin, dans le parc, c'est vraiment fun. Il y a quelque chose dedans comme hyper paisible. Tu croises toujours quelqu'un qui promène un chien, tout le monde a un chien. C'est un peu une autre ambiance, t'entends rien. Puis dans la journée avance, c'est plus la fête. (...) Puis le soir, t'as un peu la faune étrangeoïde. »	Question 14	Les moments de la journée laissent place à différents types d'ambiances.

Fréquente le parc depuis qu'il vit à proximité.	Question 22	Le parc La Fontaine comme un espace de proximité.
Aime le parc en toutes les saisons, car c'est un moyen d'apprécier les différentes manifestations climatiques. « L'été c'est cool, il fait beau. Mais l'hiver, c'est vraiment le fun. Je pense que le parc c'est toutes les saisons, l'automne c'est beau, t'as les feuilles. »	Question 24	Expérience du parc liée aux manifestations saisonnières.

Thème : l'aménagement comme type de nature.	Questions	Thèmes émergents
Apprécie l'aménagement du parc avec l'élément aquatique et le fait que le parc soit structuré en secteur d'activités. « Je pense que c'est l'étendue d'eau, la petite chute, le petit environnement. T'as vraiment tout, ce qui est le fun. Ici, on est à côté du lac, c'est plus repos, le monde est tranquille. Un peu plus loin, t'as vraiment une gradation. Après ça, c'est plus le petit truc d'activités. »	Question 8	L'aménagement du parc comme favorisant une répartition de l'espace selon les pratiques sociales.
Le parc un espace offrant des activités : « Les parcs sont toujours aménagés, il y a plein d'équipement. »	Question 10	Le parc et ses équipements.
L'aménagement du parc comme propice à la relaxation. « Le fait que ce soit encaissé, ça assourdit beaucoup les sons (...). C'est super calme, c'est vraiment un endroit assez paisible en ville pour se relaxer. »	Question 13	Le parc est une pose dans l'urbanité notamment au travers de l'environnement sonore.
Apprécie l'aménagement un peu « farfelu » du parc. « Le parcours, il est cool, il est à peu près ici, cette partie là du lac. Puis je trouve qu'il y a des endroits un peu étranges, il y a des montées, il y a tout ce système de rampes là, qui ne mène nulle part, c'est un peu bizarre. » Aménagement pratique pour promener un chien. « Ce chemin-là est particulier, car il est balisé. C'est un des seuls dans le parc qui est balisé, le chien pouvait ne pas trop se sauver, donc je pouvais lui enlever la laisse et lui apprendre à ne pas se sauver. »	Question 17	Caractère de l'aménagement.
Aime s'installer dans la partie sud proche du bassin, car il y a moins de monde. « Je pense qu'il y a moins de monde qui arrive par-là. Parce que du côté plus Rachel, t'as plus tous les gens qui restent sur le Plateau, qui eux arrivent de suite au parc. »	Question 28	Environnement social dans l'expérience du parc.
L'aménagement du parc détermine le type d'activités qu'on y pratique. « Tu fais pas le même genre d'activités, justement faire voler un cerf-volant, c'est presque impossible au parc La Fontaine. »	Question 31	L'aménagement de l'espace détermine les pratiques.
La présence des bâtiments comme dérangeante. « Moi ce qui me dérange c'est tous les bâtiments-là, qui sont un	Question 33	Refus des codes urbain dans l'espace

peu désaffectés, on comprend pas qu'est-ce qui se passe là. »		du parc.
L'usager pense que l'aménagement reste relativement simple. « *C'est juste une plantation d'arbres finalement, je pense qu'il n'y a pas un aménagement paysager comme marquant.* »	Question 36	Caractère de l'aménagement.
Trouve dommage les rues qui traversent le parc. « *La rue qui passe dedans, l'enlever, c'est vrai, c'est vraiment ridicule, l'autre partie du parc, elle sert vraiment à rien, elle n'est vraiment pas fréquentée.* »	Question 41	L'espace du parc comme devant sortir des codes urbains.
Aime accéder par les entrées non principales. « *Les entrées officielles que j'utilise jamais.* » Parc perméable par n'importe où. « *En fait le parc ici, se traverse bien, c'est une zone verte, c'est pas un lieu, comme par exemple le Mont-Royal, tu te sens tout le temps obligé de passer par le chemin Olmsted.* »	Question 45	

Thème : le parc comme un espace de socialisation	Questions	Thèmes émergents
L'usager trouve que le parc La Fontaine est un parc social. « *Je trouve que c'est un parc qui est quand même plus social que les autres.* »	Question 11	Environnement social caractéristique du parc La Fontaine.
Trouve que les autres usagers quand ils se rendent dans le parc sont moins stressés. « *Le monde qui vient ici vient ici pour se relaxer, il y a pas nécessairement d'activité, surtout pour prendre le soleil.* »	Question 12	Le parc La Fontaine comme un lieu de relaxation pour les usagers.
L'usager remarque que l'été les gens ont tendance à se rassembler dans le parc. « *Puis surtout l'été, c'est drôle, tout le monde qui a un peu trop chaud à tendance à venir ici.*»	Question 13	Le parc a une forte dimension sociale.
L'usager ne pratique pas dans la même dynamique le parc en solitaire et en groupe. « *Accompagné, c'est souvent, les gens ont tendances à se regrouper où il y d'autres gens, justement pour pousser les rencontres ou des choses comme ça. (...) De venir en groupe au parc, c'est super social, tu rencontres rapidement d'autres gens, ce qui est cool aussi.* »	Question 26 et 27	Le parc en groupe est plus un moyen de socialiser.
La pratique sociale est celle qui lui procure le plus de plaisir. « *Je pense que c'est pas mal les petits barbecues, où il y a une mini activité un peu, sans compétition, c'est juste lancer le frisbee.* »	Question 30	
Ne porte pas attention aux gens plus que ça, mais il lui arrive de les observer. « *J'en porte pas vraiment attention. Ça m'arrive d'observer, dés fois je trouve ça le fun d'observer tout*	Question 32	Besoin d'observer autrui et ses activités dans le parc, mais avec une certaine distance.

ça. »		
N'a jamais lié d'intimité avec d'autres usagers du parc, mais au travers d'activité de groupe plus facilement. « *Souvent dans les pique-niques justement, tout le monde arrive puis t'invites des amis, c'est plus accessible.* »	Question 34	Le parc un espace social.

Thème : la nature du parc	Questions	Thèmes émergents
Il définit la pratique du parc La Fontaine comme contemplative. « *Ici, c'est plutôt contemplatif, le Mont-Royal c'est plus actif.* »	Question 6	La structure du parc et sa typologie définissent son usage.
Les éléments du parc sont transposés par rapport à l'environnement naturel commun au Québec. « *Le lac, la petite chute.* »	Question 8	Référence à l'environnement naturel présent sur le territoire québécois.
Le parc comme substitut de nature pour les gens qui n'ont pas l'opportunité de sortir souvent de la ville. « *Pas souvent parce que j'ai pas d'auto.* »	Question 9	L'expérience du parc un moyen de profiter des éléments naturels.
Les infrastructures et les équipements sont ce qui différencie le parc de la campagne. « *Il y a comme pleins d'institutions, mais tu sais, il y a une école primaire ici. Je pense qu'il y a pas beaucoup de monde qui se rend compte qu'il y a une école primaire. Il y a plain de trucs comme ça, qui font une différence entre la nature qui est pas aménagée et la nature qui est aménagée.* »	Question 10	Idée de nature.
Aime le côté sud du lac, car il y a moins de monde. « *En fait, c'est un espace plus de nature. Sinon, j'ai l'impression de l'autre côté du lac j'aime pas beaucoup, t'as l'impression d'être en terrasse, tout le monde picole, ça jase, c'est pas nécessairement ma vision du parc.* »	Question 18	Le parc comme besoin de tranquillité et pas trop une proximité sociale. Besoin de ne pas retrouver les mêmes codes qu'en ville. « *Impression de terrasses de café* ».
Le parc comme un substitut de campagne pour les urbains. « *C'est une simulation d'un petit mini voyage en campagne tu sais. Tu trouves tous les éléments qui sont là, mais c'est super simulé, mais t'as pas le choix de te mettre dans un état d'esprit qui peu aller rechercher ça. Puis je pense que tu le retrouves pas quand tu es entouré de 25 personnes, en train de faire ça. Si tu veux entendre les bruits un peu de la nature, et tout ça, t'essayes de trouver un endroit un peu plus tranquille, je pense.* »	Question 19	Besoin d'un état d'esprit pour se connecter à la nature, d'où le besoin de tranquillité.
La pratique du parc, malgré que ce soit une nature aménagée, subit les contraintes naturelles, d'où les activités dépendent elles-mêmes de ce	Question 29	Le parc est en liaison avec les facteurs naturels et sociaux.

facteur. « *Comme toute nature, l'élément nature t'as pas le choix.* »		
Le parc est un espace qui s'émancipe des codes sociaux du reste de la ville. « *Je pense les parcs, c'est le truc si t'es un peu tout seul, ça se fait super bien, je pense c'est une des seules activités où les gens se sentent super bien d'être seul.* »	Question 35	Rupture entre espace urbain et le parc.
Importance du parc La Fontaine dans la trame urbaine de Montréal comme structurante. « *C'est super majeur, avec la rue Rachel, qui relie le Mont-Royal, c'est pas vécu comme ça, mais la rue Rachel est pas, elle a pas le statut qu'elle devrait avoir, mais c'est pas pour rien que la piste cyclable est là, tu relis t'es deux parcs. Fait que la dynamique là, est peut-être une dynamique entre le Mont-Royal, le stade olympique, puis Rachel devrait faire pareil de même de relier les deux parcs majeurs, de ce côté-ci de la ville du moins.* »	Question 37	Le parc comme structurant.
La faune et Flore comme faisant partie du paysage du parc. « *La faune et la flore, c'est ce qui définit un peu la nature dans le parc.*	Question 39	Le paysage du parc trouve ça reconnaissance au travers des éléments le structurant.
Emprunte les sentiers par souci de préserver le gazon. "*J'ai tendance à plus suivre les sentiers autant que possible. Je pense que c'est question de préservation du gazon.*"	Question 40	Sens civique pour la préservation de la nature du parc.
La nature du parc comme offrant des bénéfices à l'environnement urbain et pour les usagers. "*Quand tu passes dans le parc, ça fait toujours du bien. Si moindrement, il y a un parc proche dans ton chemin, tu vas faire un détour, si minime qu'il soit pour passer par là. C'est justement le changement, surtout en été, qu'il fait chaud, juste de passer dans le parc, ça donne de la fraîcheur, ça fait du bien, ça ressource, ça calme, ça apaise.* »	Question 42	Le parc comme utilitaire pour la ville.

Données complémentaires : prise de photos, usager 6

Photo 1

« Interdiction de jouer au hockey, je trouve ça super drôle, on a pas le droit de jouer au hockey au parc La Fontaine, ça se fait toujours un petit peu. Je trouve ça niaiseux, l'interdiction de faire un jeu qui dérange rien en fait, surtout que le poteau qui est là est même pas à côté de l'étang. »

Thèmes émergents : le parc un espace réglementé; signalétique incohérente.

Photo 2

« Encore là, les deux corridors, c'est comme l'autre place où c'est super serré, c'est assez étrange, en fait. Je trouve ça toujours intéressant cette petite rampe-là, je sais pas pourquoi. »

Thème émergent : organisation spatiale étrange.

Photo 3

« Puis, tu vois le bâtiment est comme tout décrépi, il manque des briques, il est assez en mauvais état.»

Thème émergent : délabrement de certains éléments architecturés.

Photo 4

« Je fais semblant de prendre le panneau « Rappel», mais en fait, je prends les joggers, car c'est une population assez présente dans le parc. »

Thème émergent : paysage social.

Photo 5

« En fait, je prends en photo, c'est juste pour dire après la section, ce coin du parc, il y a jamais personne, c'est vraiment un coin du parc, il y a jamais personne, c'est vraiment un coin assez joli, mais il y a jamais personne, il y a pas de gens là.»

Thème émergent : fréquentation et répartition inégale des secteurs du parc.

Photo 6

« Ça c'est le monument Charles de Gaulle avec les deux gas qui font du skateboard, c'est une place où il y a tout le temps des gens qui viennent faire du skateboard. »

Thème émergent : paysage social caractéristique du parc et de ses secteurs.

Photo 7

« Ça, c'est commun… Les trucs hippies…»

Thème émergent : paysage social caractéristique.

Photo 8

« Ça, c'est l'autre côté, c'est un super beau parc, mais c'est tellement bruyant, il n'y a jamais personne, c'est vraiment, je trouve que c'est un espace qui est gaspillé.»

Thème émergent : répartition spatiale inégale au niveau de la fréquentation des secteurs.

Photo 9

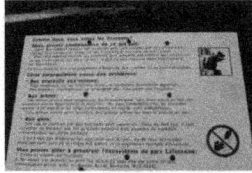

« Les écureuils, comme là, ils disent que si on aime les écureuils, faut pas les nourrir, puis c'est un peu un problème les écureuils au parc La Fontaine. »

Thème émergent : relation entre la faune et les usagers.

Photo 10

« Ça, c'est ce que tu n'as pas le droit de faire dans le parc : t'as pas le droit de boire, de manger et de faire du vélo… Mais tout le monde boit, mange et se promène en vélo… »

Thème émergent : la réglementation du parc et son respect.

Photo 11

« Là, c'était des gens qui avaient tendu des câbles et qui marchaient sur des fils. »

Thèmes émergents : caractéristique du paysage social; hétéroclisme de ce dernier.

Photo 12

« C'est super drôle tout le monde est un peu tout nu.»

Thème émergent : codes sociaux propres au parc.

Photo 13

« C'est bondé de monde, c'est super drôle, autant le parc est grand comme l'autre côté, il y a personne, et là, c'est bondé de monde comme ça peut pas… J'appelle ça *la petite place à cruise.*»

Thème émergent : répartition spatiale.

Photo 14

« Encore là, les veilles madames, elles s'assoient toujours sur les bancs du parc, puis t'avais les gens qui nourrissaient les canards, ils se promènent, t'as les handicapés, t'as toute sorte de gens qui se promènent. »

Thèmes émergents : habitudes spatiales; paysage social hétéroclite.

Photo 15

« Puis les canards, tous ceux qui ont des enfants, ils donnent à manger aux canards pour les enfants, ils tripent, puis il y a des masses de canards, il y en a plein.»

Thèmes émergents : faune comme caractéristique du parc; faune comme distraction familiale.

Photo 16

« C'est ça qui est cool, tu vois que les gens sont super à l'aise sur les bancs, t'as jamais personne qui regarde ce que les gens font. »

Thème émergent : codes sociaux du parc.

VIII- Entretien n ° 7

Lieu de passation : Le parc La Fontaine
Durée de l'entretien : Environ 2 h
Situation de l'entretien : Parc La Fontaine assis autour d'une table proche du bâtiment Calixa-Lavallée
27.08.08 à 14 h
Âge du répondant : 67 ans
Nationalité : Québécoise

Résumé :

Le temps est gris, il fait un peu frais. Il y a peu de gens, on voit passer quelques personnes se promenant sur les chemins.

Premières impressions - remarques :

L'ambiance est calme et paisible.

1 - Comment ça se fait que vous soyez particulièrement intéressé au parc La Fontaine?

« Parce que je reste à côté… Puis en fin de compte mes origines, ben on peut considérer de la campagne, au fond, les gens pensent, que tout de suite à l'extérieur de la ville c'est la campagne, mais c'est pas vrai. Chicoutimi c'est au sud quand même et je suis de pas très loin de Chicoutimi et mon père m'a appris à chasser. Le rapport à la nature, c'est instinctif. (Je m'ai mes lunettes là, ça vous dérange pas? Car je suis pas très jeune, je parais jeune, mais j'ai tapé mes 67 années). C'est ça le rapport à la nature devient un peu plus pressant quand on vieillit. C'est normal, rendu à cette conclusion-là, c'est les parcs. »

2 - Vous intéressez-vous à d'autres parcs par exemple le parc Mont-Royal?

« Ici, c'est considéré plus de quartiers. Maintenant on a des arrondissements, mais avant c'était des quartiers. Les arrondissements c'est depuis la reconfiguration des villes, mais un quartier c'est carré, en fait c'est ça c'est l'attachement plus à un quartier. Puis on délimite son territoire en fin de compte. Moi, ça fait quand même depuis 1971 que je suis à Montréal. Le Mont-Royal c'est pas loin, je fais mon jogging là-bas, ça demande de prévoir. Mais c'est presque un retour, aller à la campagne c'est ici, il y a comme une différence de pratique. Mais c'est tout l'appartenance, les parcs représentent l'appartenance des citoyens à quelque chose de plus vaste, j'ai l'impression. C'est comme le Québec, ici, c'est vraiment la nature. J'ai l'impression qu'en Europe c'est plus un moyen d'enlever son stress, ici, c'est quelque chose qui a pas rapport. En même temps c'est un contact en dehors, de chez soi, qui est quand même très personnel, tu t'en vas d'en un espace public où les contacts sont plus faciles, c'est ça aussi. »

3 - La dynamique de départ dans la création du groupe?

« Ça s'est intéressant, parce que quand on a parlé, c'est en 2006, où il y avait à peu près tous les gens qui se sont parlés à ce moment-là, fréquentaient déjà le parc. Il y avait des amateurs de photos, où heuheu, Sylvain est un ornithologue qui passait aussi occasionnellement par le parc avec son vélo, parce qu'il fait aussi du vélo de compétition et à ce moment-là il y avait un oiseau, un balbuzard, c'est un aigle qui pêche, qui bouffe ses proies, en allant pêcher, dans les rivières ou dans les lacs et de la façon dont il pêche ici, c'était assez exceptionnel ici, vraiment il regardait de loin, d'un arbre, qu'est-ce qui bouger dans l'eau et il y avait beaucoup, beaucoup de poissons assez gros, 25 cm. 25 cm, c'est quand même assez gros. Et il les voyait de loin et là, il se lançait littéralement et comme un martin-pêcheur ou un oiseau qu'on appelle un cormoran qui pêche dans l'eau. Il fonçait la tête première dans l'eau et il allait chercher le poisson et il le ressortait à fleur d'eau. C'est comme un hélicoptère, il montait avec ses ailes et tu voyais… C'était fascinant, la plupart des gens se sont rencontrés là, en 2006. C'est intéressant, car c'est « Wild », c'est vraiment sauvage, dans le parc là. Il y a des trucs qui se passent et on ne les voit pas. Il y a un paquet de monde qui à pris un paquet de photos, entre autres Claude celui qui est avec nous autres. Puis moi, j'ai dit : il faut qu'on face partager ça et il faudrait aussi que les gens autour le sachent qui se passe des trucs ici et qu'il y est de telle espèce. Les gens passaient, mais ils voyaient pas l'aigle comme tel. Puis quand ils voyaient, ils disaient : hein c'est quoi ça? Puis c'est un aigle avec sa stature d'aigle, en fin de compte sa spécialité c'est d'aller bouffer les poissons. Il s'attaquait pas aux autres animaux, ni aux autres proies c'était vraiment les poissons. Il a vidé les deux lacs, il y en avait beaucoup des poissons. À la fin, il y en avait tellement, qui il y a eu des goélands, quand ils enlèvent l'eau, les goélands ont été pigés dans le restant, tu voyais les poissons se débattre dans la vase. Mais c'était fascinant de voir ça tout l'été et une partie de l'automne, parce qu'il est parti très tard. Il y avait presque les glaces quand il est parti et on a pris un paquet de photos et tout le monde s'est rassemblé. Moi, j'ai commencé à recevoir les photos de Claude, Andrée et puis d'autres. Puis là, j'ai monté mon site, car je suis administrateur informatique de métier, puis même je suis technicien, donc j'ai tout fait à peu près. *(Vous avez monté le site peu de temps après?)* Pratiquement en même temps, le truc c'est qu'ils cherchaient peut-être des indications. Le parc La Fontaine c'est quand même assez connu, mais nous la spécificité de ce qu'on voulait faire c'est vraiment la faune, la flore. Parce que les arbres et tout ça, on savait où il partait. On le suivait donc on savait où il allait se nicher pour foncer sur le lac. C'était intéressant, car il avait des niches où il pouvait voir une meilleure vision du lac, des tours de guet et c'est ça qui est fascinant, car on apprend que les arbres, ils sont pas juste là pour meubler le parc, ils servent d'accessoire à ces animaux-là et si on conserve la flore, c'est sûr que la faune va être aussi là. Donc il y a un amalgame de choses, qui fait qu'on voulait trouver un nom au groupe et vu qu'à un moment donné, il y avait la fontaine là, mais le parc, il y avait pas la fontaine au départ. La fontaine vient du premier ministre du Canada. Avant ça, ça avait appartenu à l'armée et ça s'appeler le parc Logan et c'est pour ça que lui l'a donné à la ville, quand il était premier ministre. Mais la fontaine s'était aussi l'aménagement, car en fin de compte, il y avait un autre de type de pont ici, genre un pont à baldaquin et la fontaine et aussi d'époque quand même. Elle était en gravité avant, puis là ils ont mis les pompes, ils ont changé régulièrement les pompes. Il y avait à partir de ça, un petit zoo, qui s'appelait le jardin des merveilles. Il y avait un spectacle avec des bonhommes qui été là. Il y avait quelques animaux qui étaient là. Toute cette partie-là, l'extrémité sud-central, le zoo était là et l'entrée c'était ce petit bâtiment-là. Il y avait 3 portes de guides, de barrières. À partir de là, j'ai suggéré à cause de la fontaine, on avait des cosmonautes, on avait des astronautes, alors pourquoi pas des fontainautes (rire). Parce qu'en fin de compte, l'origine de son nom doit avoir un rapport avec la fontaine.»

4 - Travaillez-vous en contact ou association avec la ville?

« C'est quand même très limité. Moi, ma tache jusqu'à maintenant a vraiment été de sensibiliser les gens qui sont avec moi et de faire le travail que je devais faire et que je fais actuellement. Je suis un peu le représentant du groupe au niveau des communications. Ça ne me dérange pas de le faire, car je suis un peu au courant, mais j'essaie de les sensibiliser à monter un site, parce qu'en fin de compte le site ça part de là. On avait pas vraiment de structure, à partir de là, j'ai communiqué avec d'autres personnes et notamment avec la ville et Caroline Tremblay, on est tous des Tremblay (rires), elle est agronome de la ville. Actuellement, ils sont en train de faire le relevé des arbres qui pourraient être conservés, leurs maladies, tout ça. Et en fin de compte tout ce qui est flore. Puis, j'ai parlé pour l'année prochaine, ça, ça (édicule) serait intéressant de l'avoir comme centre d'information et ils sont d'accord. La ville a des responsables avec qui elle travaille au niveau de l'environnement, ils sont au courant aussi. Moi, hélas depuis 2006, c'est ça énorme, ça commence. Ça prend du temps, mais ce qu'on essaye de faire aussi, c'est pas de s'engager dans un côté ou de l'autre pour avoir vraiment des partis pris, parce qu'en fin de compte comme je disais à Claude et à tout le monde notre bataille en fin de compte c'est de défendre ceux qui ont pas de voies, les animaux. C'est eux actuellement qu'on observe, donc on peut pas commencer à sensibiliser les gens, car on est pas organisé pour. Moi, j'essaye de le faire un peu par le site, mais disons que c'est quand même un parc public où les gens ont aussi la priorité, car ils sont là pour ça, faire du sport, les enfants, toutes ces activités-là. Ce qu'on essaye de faire comprendre aux gens, c'est que les animaux qui sont ici, c'est un peu comme les plantes, c'est des animaux qui appartiennent à la ville, les écureuils, ça appartient à la ville. C'est eux qui sont responsables, les touristes de l'extérieur voient les écureuils comme un animal qui est super intéressant, ils prennent des photos, mais ici, on est tellement habitué, qu'on laisse les chiens les bouffer par exemple. Donc, c'est pour ça qu'on essaye de sensibiliser les gens à pas nourrir les écureuils, car ils deviennent tellement apprivoisés qui se méfient pas que c'est dangereux, autant pour les enfants. À moyen terme c'est maintenir une harmonie, à court terme, c'est d'établir qu'est ce qu'il y a exactement comme flore et faune, parce que je suis venu assez tard, car pour voir des ratons laveur, il faut venir assez tard, presque passer minuit. Cet été, j'ai vu une mère avec ses petits montaient dans les arbres et il y avait des jeunes qui faisaient beaucoup de bruits, et quand il y a beaucoup de bruits ils peuvent pas s'alimenter. *(Salut une personne de l'entretien du parc)* on a un bon rapport avec les gens qui s'occupent de l'entretien du parc. Mais, depuis une semaine je n'en ai pas vu, mais l'agence de santé qui est de l'autre côté, j'ai entendu dire qu'il avait défini un cas de rage, je pense qui en ont profité pour faire une descente de ratons laveur, je sais qu'il en avait trois. Là, j'en vois plus, mais l'hiver eux, ils hibernent, ils sont un peu comme les ours, si l'hiver est assez dur, ils vont rester dans leurs arbres, ils vont se nourrir de leur graisse, mais il y a beaucoup de choses intéressantes avec eux, parce que c'est eux qui vont bouffer la vermine qui pourrait aller dans les buildings autour, ça a une utilité. C'est sûr qu'ils vont aussi dans les poubelles, mais on les voit que la nuit. Je ne veux pas m'occuper au bout de business de sécurité, mais l'été il y a beaucoup de jeunes qui boivent dans le parc, qui font des parties et au niveau de la police, je sais qu'ils ont beaucoup de difficulté à faire respecter la loi, mais ça n'aide pas pour ça, eux, j'en ai vu des groupes de jeunes qui leurs tirent des bouteilles. Nous, on peut pas intervenir, car c'est vraiment quelque chose de sécurité publique, ça n'aide pas, mais c'est pour ça que si l'année prochaine on a ce centre-là, qui est bien situé à la croisée des chemins, ça peut sensibiliser. Il y a beaucoup de culturel pour le sport, mais au niveau de savoir quels sont les arbres qui y a ici, au niveau des animaux qui sont ici, il y a seulement quelques affiches ne pas nourrir, mais c'est pas assez pour prendre plus conscience et sensibiliser les gens, malgré que moi je dirais, avec l'expérience du parc que j'ai, c'est quand même pas mal. Au niveau des chiens d'accord, il y en a beaucoup qui les laissent aller comme ça, mais par rapport à d'autres villes, il y en a beaucoup qui respectent les règlements. Il y en a beaucoup qui ont leur chien en laisse et même l'hiver, il ramasse leur excrément l'hiver, avec la neige c'est quand même dure de trouver ça et quand même c'est pas mal parce qu'il y en pas beaucoup des excréments, c'est quand même exceptionnel. Il y a beaucoup de sensibilisation sur le Plateau. Les quatre saisons, ici, c'est quand même pas mal au niveau des citoyens et du respect, même au niveau de la sécurité publique, il n'y a pas tellement d'intervention. C'est un parc pour aller se ressourcer, se ressourcer après son travail. Moi, je commence très tôt, mais à partir de trois heures, je suis libre et à partir de là je vais dans le parc et soit d'aller faire du jogging ou venir ici, ça me permet de penser peut-être à ce que je peux faire au niveau du travail. Puis d'avoir un environnement dégagé pour mieux réfléchir, ça tu peux pas le faire dans ta cour arrière. Ici, parfois il y a des gens de l'hôpital qui viennent et juste de voir un canard, ça les fait sourire. On dirait qu'ils revivent simplement en venant ici. Il y a ici, une espèce de convivialité, tu te sens complètement libre, on est spontané.»

(Une connaissance passe dans un fauteuil roulant) va pas trop vite Julien! (Rires) Va pas trop vite, je t'ai vu faire tout à l'heure c'est comme ça que tu vas briser ton équipement! Tu peux me dire que tu vas pas vite, mais là, je t'ai vu aller. (Rires)

« Ça, c'est un autre habitué, lui il joue aux échecs avec sa gang là-bas. On a tous notre famille, c'est un citoyen qui est à sa retraite et en fin de compte, il vient ici pour jouer aux échecs et se promener avec son véhicule. Il a son auto, mais lui il préfère ça, parce que lui, c'est écologique quand même.»

5 - Est-ce que vous avez vu un film qui a été fait sur le parc, « petite musique urbaine ».

« Oui, avec les musiciens, mais il y a un certain nombre de films qui ont été fait surtout avec radio Canada, parce qu'à une époque on se préoccupait tellement peu de ce qui rester comme faune et flore ici, que c'était des sujets quand même, mais il y a beaucoup de films qui se tournent ici, c'est vraiment le décor plus qu'autre chose.»

Il passe des personnes déléguées à l'entretien du parc, le répondant les salue.

« C'est quand même des jeunes, parce que les plus vieux, ce qui travaille pour la ville, ils sont moins sensibilisés, ils font la job. Ça c'est des nouveaux, parce que l'année passait, il y avait des anciens qui sont partis, il y avait un contre maître ici, qui a pris sa retraite en fin de compte. Il était un peu désabusé si je peux dire, parce qu'en fin de compte c'est ça qui arrive, comme lui il a dit, ça devient de la routine. Mais par contre, il observe quand même, le travail de base pour partir un truc comme les fontainautes, parce que c'est l'observation de ce qui se passe au niveau des arbres, des animaux, au niveau des gens, au niveau du mobilier urbain. Parce que ça, c'est tout du mobilier urbain, ça appartient à la ville, même si on parle d'environnement. »

6 - Vous venez tous les jours?

« Il faudrait, je peux pas dire que c'est tous les jours, mais ça dépend de ce que j'ai à faire aussi, mais sinon, vers 5 h, il y a toujours un petit moment de 1 h que je viens, parce qu'en vélo ça se fait très bien ici. »

7 - Vous venez en vélo?

« Idéalement c'est en vélo, parce que j'ai deux vélos à la maison. J'en sors un, même en hiver. Mais à part ça, ici une demi-heure ça suffit. Des fois à 6 h, Sylvain vient aussi. Je passe en vélo et je vois Claude, lui il retourne chez lui un peu plus tôt. On finit par trouver des façons, pour faire quelques choses qui vont ressembler à ce qu'on veut faire. Mais, comme Claude dit, c'est surtout moi qui connais ça. Mais j'essaye de faire, d'orienter les autres personnes qui sont avec moi dans les connaissances et c'est toujours en rapport avec le site Internet. J'aimerai, à partir du projet de l'année prochaine, que ce soit un peu plus matériel dans le parc et où on pourrait se réunir et de temps en temps on se réunit pour aller manger dans le parc, deux, trois personnes et on parle, c'est convivial.»

8 - Lors des différentes observations par le groupe comment ça se passe?

« Ben on fait un peu comme eux autres (délégués à l'entretien). Les gens de l'entretien ont une tache à faire et ils doivent se limiter à cette tache-là. En fait, ça concerne les gens eux-mêmes qui sont ici, c'est tout des gens indépendants, ils peuvent faire ce qu'ils veulent, ils sont libres de faire, on peut pas réglementer rien et on ne voit quasiment rien, de temps en temps l'été, il y a des policiers en bicycle. Il y des ambulanciers, des services d'urgence en cas où il y a une personne qu'est blessé, ils viennent en vélo c'est plus rapide. Sinon, les gens sont très friendly, ils sont très amicaux, donc quand on vient ici, c'est pour se parler : « et dis donc as-tu observé quelque chose au niveau de tel secteur», parce que veux veux pas, sur mon site j'ai aussi divisé en secteur, il y avait beaucoup de demande de emails, il y avait des ornithologues qui voulaient voir s'il y avait des plans un peu plus détaillés du parc, savoir dans quel secteur, sur les sentiers, il y a des plans de topo. Ça explique un peu le niveau de la surface, quand les ruisseaux, ça indique aussi les buissons, les arbres, donc pour eux c'est important parce qu'au niveau de l'ornithologie ça leur indique où ils peuvent faire des relevés de certains types d'oiseaux. Il y a beaucoup d'organismes sur la biodiversité à Montréal et il y a aussi beaucoup de trucs privés pour l'ornithologie. Moi, j'ai parlé à Carole ici, l'agronome, elle dit qu'ils ont ces plans-là, mais ils s'en servent pas, interne pour gérer le parc. On n'a pas vraiment accès, car ces plans-là changent et c'est des plans techniques. C'est sûr qu'au niveau de l'environnement, la topographie sert aussi à tout ça. Ils ont des légendes pour voir le type d'observation au niveau de la flore, des arbres. Carole, elle repère les arbres qui ont des maladies. Ils ont un paquet d'indices pour évaluer sur le terrain, la qualité du parc en fin de compte, la qualité visuelle, la qualité pour qu'en fin de compte les gens en profitent aussi. Cet été ils ont éliminé, car il y avait un troisième champ pour le baseball, ils l'ont éliminé, ça fait un grand terrain de gazon, qui peut servir à d'autres activités sportives ou de pique-niques. Ça, c'est un plus, car trois terrains de baseball c'était peut-être bon dans les années 1950-60, mais maintenant, il y a des gens qui vont jouer au soccer, qui vont jouer simplement à d'autres, du badminton, du ballon volant, donc ces champs-là... Carole, elle répertoriait aussi les arbres qu'il y a dans ce coin-là, qui fallait enlever, car c'était peut être temps de les enlever, mais en tant qu'observateur et en habitant depuis longtemps ce quartier, je pense que le parc n'a pas été trop négligé sur ce plan-là, parce qu'ils ont même investi, parce qu'il n'y avait pas tant d'agronomes et tout ça. Là, ils s'en préoccupent beaucoup plus avec la question de l'environnement qui revient. J'ai remarqué qu'ils avaient enlevé des clôtures de métal, l'idéal ce serait qu'ils enlèvent aussi des clôtures autour du Théâtre de Verdure, c'est ridicule, ça fait comme une enclave, c'est pour limiter le nombre de gens, mais mon dieu, il y a des places assises et il y a des places debout, si les gens veulent observer debout, parce que dans le fond c'est inutile... C'est bon pour quand il peut y avoir des dangers, comme recevoir la balle de baseball ou les tennis, là-bas c'est évident, pour là c'est bon. Mais au niveau des activités culturelles, je trouve ça inutile. Il devrait mettre des clôtures un peu plus intéressantes, plus pittoresques, parce que les clôtures de métal, c'est du temps que peut-être il y avait l'armée là. Les enfants profiteraient beaucoup plus d'une clôture plus avantageuse. Au fond c'est pour empêcher les enfants d'aller dans cette rue-ci, mais cette rue-ci, Calixa-Lavallée, elle est déjà fermée, elle est protégée. Il y a seulement du côté, de la rue Rachel, mais ils vont pas de ce côté-là. Donc, ça serait une clôture à enlever aussi. Il y a beaucoup de choses à faire pour aérer, pour donner l'impression, mais pas seulement une impression, donner une apparence aux gens que le parc est ouvert et qu'il y a une capacité d'accueil pour profiter d'un espace de nature, un espace de changement. On parle ici, d'expérience quotidienne de nature, mais je peux vous dire que moi les fins de semaine je n'aime pas tellement venir, il y a des années peut-être 1980, il n'y avait pas autant de monde, mais là, il y a une classe qui change. *(Vous sentez une différence?)* Absolument, il y a beaucoup plus de jeunes qui viennent, ils n'ont peut-être pas toute leur auto. Ils apportent aussi leurs chiens, ils apportent dans le parc la convivialité, ils viennent pour se réunir entre copains et puis voilà. C'est bon parce qu'au fond ça donne une vie au parc, mais je ne sais pas si vous êtes venu en fin de semaine, mais comme on dit il y a plus grand espace, sur le gazon pour mettre une nappe. Tu vois là, vraiment il y a une mine. Je ne sais pas si les gestionnaires de ressources de la ville sont au courant, mais là, tu vois vraiment la nécessité d'avoir plus d'endroits de verdure, parce que le Plateau, c'est comme à Rome où il y a au mettre carré le plus de personnes, mais le Plateau c'est l'arrondissement le plus populaire au mètre carré, à partir de là, on peut voir qu'au parc La Fontaine, il y a une saturation à un moment donné. Il y une saturation au niveau, tu peux plus respirer, c'est plus agréable, ça devient grégaire, c'est ridicule. Là c'est vraiment l'esprit grégaire qui l'emporte. C'est vraiment le seul parc du quartier où les gens peuvent venir où il fait beau, où il fait chaud. Il y a un attachement historique, mais c'est plus frappant, quand on rencontre des gens que ça fait longtemps qu'ils sont pas venus ici et le lieu commun pour se retrouver, c'est pour ça que nous autres on le prend, c'est le pont, parce que ça toujours été le lieu de retrouvailles et dans le temps il y avait même des gondoles ici. Avant les pédalos, il y avait les gondoles et les gens de cette époque, se retrouvent sur le pont et quand je les entends parler, ils disent : « ah, c'était pas comme ça ». Ils ont une image de l'époque, de peut être 30-40 ans avant.»

9 – Qu'est-ce qui vous amenez ici personnellement?

« Ce qui se passe dans le parc quand tu viens ici, que tu observes, car le mot clé c'est observation. Si tu observes de la bonne façon, tu deviens observateur, ça devient une façon, de... une communion, mais quand on se stress avec d'autres choses, avec la circulation ou au travail ou l'ordinateur et des trucs qui jamais qui fonctionnent, tu viens ici, pour déstresser au lieu de prendre une pilule, tu l'as prend ta pilule, la méthodologie pour prendre ta pilule de nature, c'est ça, d'avoir un sens de l'observation bien appuyé, pas s'attarder aux choses qui peuvent rien t'apprendre, mais tu peux toujours observer ici, les bâtiments, mais les bâtiments, mais c'est ça, parce qui en a partout autour. Tu viens pour les choses qui sont essentielles la flore et la faune. C'est pour ça, je dis souvent en Claude, on observe pas les beaux bâtiments ou les sentiers, on sent fout un peu, parce qu'il y a des gens qui s'en occupent, c'est pas vraiment... L'idéal pour nous, c'est qu'il en existent pas, point. Les bâtiments, ça ne sert à rien, hostie! C'est sûr, les gens de l'architecture, du patrimoine de Montréal, ils vont dire : « oh ça fait partie du patrimoine montréalais ». Mais ils sont dans un parc. Il y a un juste milieu à faire, parce qu'il faut donner des espaces à la nature. On peut tous les conserver, mais en faire des gigantesques pots de fleurs par exemple. C'est une image, mais c'est pour te dire que ça serait très joli avec des plantes qui sortent par les fenêtres. Le centre que l'on veut faire, c'est un peu un centre de réflexion sur leurs façons de voir leur parc. On ne devrait pas dupliquer des organismes qui existent déjà. Ce n'est pas la dynamique, ici, c'est un parc de quartier, c'est un parc pour les gens. De là, les informer, un centre d'information. Mais c'est surtout un centre d'information, sur eux-mêmes en fin de compte. C'est un centre de réflexion sur leurs façons de voir leur parc. On devrait pas dupliquer les choses qui fait déjà pour... comme il y a un organisme qui travaille avec les parcs natures qui s'appelle *Guêpes*, qui informe et qui font des stages d'animation sur la nature. On ne devrait pas dupliquer des organismes qui existent déjà. Ce n'est pas la même dynamique. Je reviens un peu à ce que j'ai dit tantôt c'est de défendre ce qui on pas de voies. L'objectif que l'on veut attendre, oui il y a des choses peut-être exceptionnelles, mais c'est sensibilisé sur l'écosystème. »

« Avec mon blog, moi je donne aux gens des outils natures, après c'est sûr qu'il faut pas trop t'éloigner de la base, parce que quand tu t'en éloignes trop, t'oublies l'essentiel, car l'essentiel pour les fontainautes, c'est que les gens est une expérience de nature, pratiquement quotidienne, quand ils veulent, quand ils en ont besoin surtout d'aller se baser dans l'essentiel. Quand les gens viennent se promener avec leur chien, ça paraît drôle, mais c'est comme un ressourcement.»

« Je crois qu'on a fait le tour, à moins que vous ayez d'autres questions, J'ai beaucoup parlé (rire).»

Merci de m'avoir accordée de votre temps et bonne continuation.

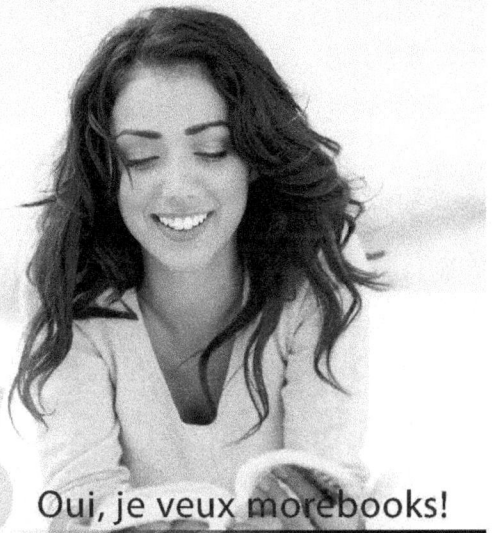

www.ingramcontent.com/pod-product-compliance
Lightning Source LLC
Chambersburg PA
CBHW021039210326
41598CB00016B/1069